低渗透油藏表面活性剂驱油技术及应用

许人军　编著

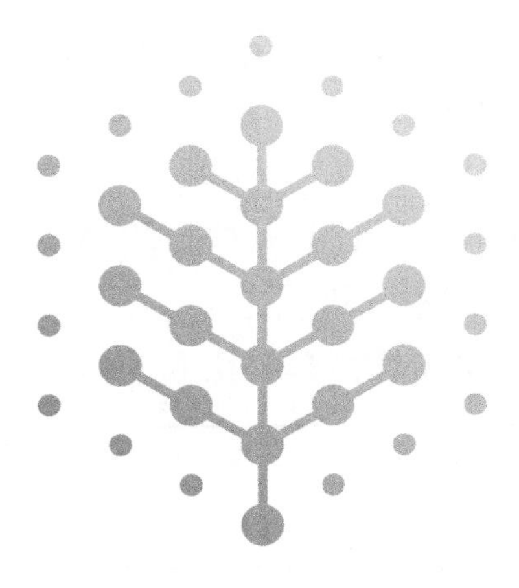

化学工业出版社
· 北 京 ·

内容简介

本书对提高采收率技术的原理及分类等进行了简要介绍，重点阐述了驱油用表面活性剂的性质及特征、驱油用表面活性剂的合成与性能检测、低渗透油藏表面活性剂驱的应用、表面活性剂驱产出液的破乳与污水处理技术、低渗透油藏表面活性剂驱油技术的发展、驱油用表面活性剂的定性和定量分析方法等内容，全面总结了多年来驱油用表面活性剂研究的主要技术成果。

本书适合从事油田化学品研制的研究人员使用，同时可供石油、油田化学、精细化工等专业师生参考。

图书在版编目（CIP）数据

低渗透油藏表面活性剂驱油技术及应用/许人军编著. —北京：化学工业出版社，2023.8

ISBN 978-7-122-43533-0

Ⅰ.①低… Ⅱ.①许… Ⅲ.①低渗透油气藏-化学驱油-表面活性剂 Ⅳ.①TE357.46

中国国家版本馆 CIP 数据核字（2023）第 091800 号

责任编辑：张　艳　　文字编辑：李婷婷　刘　璐

责任校对：宋　夏　　装帧设计：王晓宇

出版发行：化学工业出版社（北京市东城区青年湖南街 13 号　邮政编码 100011）

印　　装：北京科印技术咨询服务有限公司数码印刷分部

710mm×1000mm　1/16　印张 10　字数 176 千字　2024 年 1 月北京第 1 版第 1 次印刷

购书咨询：010-64518888　　售后服务：010-64518899

网　　址：http://www.cip.com.cn

凡购买本书，如有缺损质量问题，本社销售中心负责调换。

定　　价：80.00 元

前言

PREFACE

在油气井钻探、开采和集输过程中，常常会遇到各种问题，严重影响油气田开发所追求的高产、稳产。其中有很大一部分问题是由所使用的油田化学品的性能不好或使用不当所造成的。因此，研究油田化学品的性质及现场应用具有十分重要的意义。根据我国油藏特点，经过对注水开发油田提高石油采收率的两次潜力分析，确定了化学驱为我国油田提高石油采收率的主攻方向。经过四十多年的努力，我国化学驱提高石油采收率技术取得了重大进展。为加强化学驱基础研究，中国石油天然气集团公司和中国科学院共同承担了国家“973计划”项目——“大幅度提高石油采收率的基础研究”，在强碱驱油剂体系研制、油藏精细描述、渗流机理和模拟研究等方面取得了重大突破，复合驱工业化矿场试验相继展开。

目前，以提高采收率为目的的各种强化采油技术已经逐渐成为我国油田开发的主导技术。驱油用表面活性剂的合成与应用受到广泛的关注，使其迅速崛起，成为油田化学一个独立的重要分支。

全书共分 7 章。第 1 章主要介绍了提高采收率的原理及分类；第 2～4 章综述了驱油用表面活性剂的性质及特征、驱油用表面活性剂的合成与性能检测、低渗透油藏表面活性剂驱的应用；第 5 章论述了表面活性剂驱产出液的破乳与污水处理技术；第 6 章讨论了低渗透油藏表面活性剂驱油技术的发展；第 7 章介绍了驱油用表面活性剂的定性和定量分析方法。

本书全面总结了多年来驱油用表面活性剂研究的主要技术成果，但由于复合驱用表面活性剂合成、性能与开发应用涉及诸多学科领域，许多问题还没有定论，有待继续研究和探讨。由于作者水平有限，书中不足之处在所难免，敬请从事化学合成和三次采油研究方面的各位专家批评指正。

许人军

2023 年 6 月

目录

CONTENTS

第1章 概 述

本章介绍提高采收率的原理和方法分类，水驱后残余油的受力情况，表面活性剂驱油机理、驱油方法分类和现场应用简介。

1.1 提高采收率的原理和方法分类

1.1.1 提高采收率的原理

原油采收率是指采出油量占原始地质储量的百分数，它取决于驱油效率（E_D）和波及效率（E_V）。驱油效率是指驱替出孔隙介质中的原油占其总油量的百分数，而波及效率是指注入流体所波及的孔隙体积占总孔隙体积的百分数，因此采收率（E_R）可由式(1-1) 来表示：

$$E_R = E_D E_V \tag{1-1}$$

因此提高采收率可以通过提高驱油效率、提高波及效率或同时提高二者来实现。提高驱油效率一般通过增加毛细管数实现，而降低油水界面张力则是增加毛细管数的主要途径。毛细管数（N_c）的关系见式(1-2)：

$$N_c = v\mu_w/\sigma \tag{1-2}$$

式中，v 为驱替速度，m/s；μ_w 为驱替液黏度，mPa・s；σ 为界面张力，mN/m。N_c 越大，残余油饱和度越小，驱油效率越高。增加毛细管数最有效的途径是降低界面张力，它是表面活性剂驱的基本依据。而增加驱替液黏度则是聚合物驱提高采收率的基本方式。

对于低渗透油藏，由于压力梯度太大，难以在地层实现，存在最佳渗流速度，不能将毛细管数与驱替速度之间的关系用线性函数表示，此时毛细管数的关系式如式(1-3) 所示：

$$N_{cl}=\frac{v\mu_w}{\sigma}\exp\left(-\frac{|v_{op}-v|}{10v_{op}}\right) \tag{1-3}$$

式中，v_{op}为最佳驱替速度，m/s。

增加波及效率主要是通过增加注入流体的黏度以降低流度比来实现，流度比（M）用式(1-4）来表示：

$$M=\frac{k_{rw}}{k_{ro}}\times\frac{\mu_o}{\mu_w} \tag{1-4}$$

式中，k_{rw}、k_{ro}分别为水和油的相对渗透率，无量纲；μ_w、μ_o分别为水相和油相的黏度，mPa·s。在注水开发后期，水相的相对渗透率远大于油相，而原油的黏度远大于水，因此流度比很大，会使注入水窜流造成含水率上升、产油量下降。当加入聚合物后，水相黏度大幅度提高，水相的相对渗透率降低，使得流度比下降。当流度比 $M=1$ 时，油和水的流度相等，二者均匀推进。通常情况下，流度比 $M<1$ 有利于扩大波及效率。

1.1.2 提高采收率的方法分类

提高原油采收率的方法，按照注入工作剂来划分，可分为化学驱、气驱、热力采油和微生物采油 4 大类。

（1）化学驱

化学驱是指向油层中注入化学剂提高采收率的方法，分为聚合物驱、表面活性剂驱、碱水驱、泡沫驱、二元复合驱以及三元复合驱，该方法适用于注水开发的稀油油藏。

（2）气驱（混相驱或非混相驱）

气驱是指向油层中注入气体，通过气体与油层流体产生混相或非混相提高采收率的方法，按照气源的不同，可分为高压天然气（干气）驱、富气驱、CO_2 驱、烟道气驱。该方法适用于低渗透油藏。

（3）热力采油

热力采油是指向油层中注入热载体，通过降低原油黏度提高采收率的方法。可分为蒸汽吞吐、蒸汽驱和火烧油层。该方法主要针对稠油油藏，而火烧油层可适用于中低或低渗透油藏。

（4）微生物采油

微生物采油是指向油层中注入微生物或注入营养物质以激活油层中微生物，通过微生物和原油的作用来提高采收率的方法。前者称为外源微生物驱，后者为本源微生物驱，适用于注水开发的油藏。

近年来的室内研究和现场应用结果表明，单一驱方法已经难以满足提高采收率的要求，采用两种或两种以上的驱替方法的组合（如低张力泡沫驱、复合驱）能够大幅度提高采收率。

1.2 水驱后残余油的受力情况

微观驱油试验表明，水驱后油层中一般还有50%以上的残余油。在注入水波及的范围内，残余油以膜状、柱状、簇状等几种形态滞留在油层中，这些滞留在油层中的油由于受到毛细管力、黏附力和内聚力的作用而成为残余油。如果在注入水中加入表面活性剂进行活性水驱，毛细管力、黏附力和内聚力可大大降低。

1.2.1 毛细管力

毛细管力是孔喉道中非润湿相流体驱替润湿相流体所受到的阻力，计算公式见式(1-5)：

$$P_c = 2\sigma\cos\theta / r \tag{1-5}$$

式中，P_c 为毛细管力；σ 为油水界面张力；θ 为水相润湿接触角；r 为毛细管半径。

毛细管力是驱替柱状、簇状残余油以及使大油珠通过细孔道须克服的力。研究表明，表面活性剂体系可使油水界面张力降到0.05mN/m以下。采用表面活性剂驱后，由于界面张力 σ 和接触角 θ 的改变，与水驱相比，毛细管力可大大降低。

1.2.2 黏附力

黏附力是原油在岩石表面的附着力。由于存在黏附力，将油从岩石表面剥离下来，就需要克服黏附力。黏附力（W）可用式(1-6)来计算：

$$W = \sigma(1 - \cos\theta) \tag{1-6}$$

黏附力是驱替膜状、盲状残余油须克服的力。采用表面活性剂驱后，由于界面张力 σ 和接触角 θ 的改变，与水驱相比，黏附力可大大降低。

1.2.3 内聚力

内聚力是原油分子间的作用力。微观驱油试验表明，大的孤岛状残余油不能直接通过细孔道，表面活性剂能将大油滴分散成较小油滴带走，此过程须克服内聚力而做分散功。设将半径为 r_1 的油滴块分散成若干等半径 r_2 的小油滴，所做的功可用式(1-7)来计算：

$$A=4\pi n r_2^2\sigma(1-r_2/r_1) \tag{1-7}$$

式中，A 为分散功；n 为油滴数；r_1 为分散前的油滴半径；r_2 为分散后的油滴半径。

采用表面活性剂驱后，由于界面张力 σ 降低，与水驱相比，分散功可大大降低。

1.3 表面活性剂驱油机理

通过考察表面活性剂分子在油水界面的作用特征、水驱后残余油的受力情况以及表面活性剂对残余油受力状况的影响，可知表面活性剂驱提高原油采收率的机理如下：

1.3.1 降低界面张力机理

在注水开发阶段，油水界面张力约为 20mN/m，根据毛细管数的表达式［式(1-2)］计算，N_c 一般在 $10^{-7}\sim10^{-6}$；表面活性剂可使界面张力降至 $10^{-3}\sim10^{-2}$ 数量级，从而大大降低或消除地层的毛细管作用，减小了剥离原油所需的黏附力，提高了驱油效率。

1.3.2 乳化机理

表面活性剂体系对原油具有较强的乳化能力，在水油两相流动剪切的条件下，能迅速将岩石表面的原油分散、剥离，形成水包油（O/W）型乳状液，从而改善油水两相的流度比，提高波及效率。同时，由于表面活性剂在油滴表面吸附而使油滴带有电荷，油滴不易重新回到地层表面，从而被活性水夹带着流向采油井。

1.3.3 聚并形成油带机理

从地层表面洗下来的油滴越来越多，它们在向前移动时可相互碰撞，使油珠聚并成油带，油带又和更多的油珠合并，促使残余油向生产井进一步驱替（图 1-1）。

1.3.4 改变岩石表面的润湿性机理

研究结果表明，驱油效率与岩石的润湿性密切相关。油湿表面导致驱油效率低，水湿表面导致驱油效率高。合适的表面活性剂，可以使原油与岩石间的

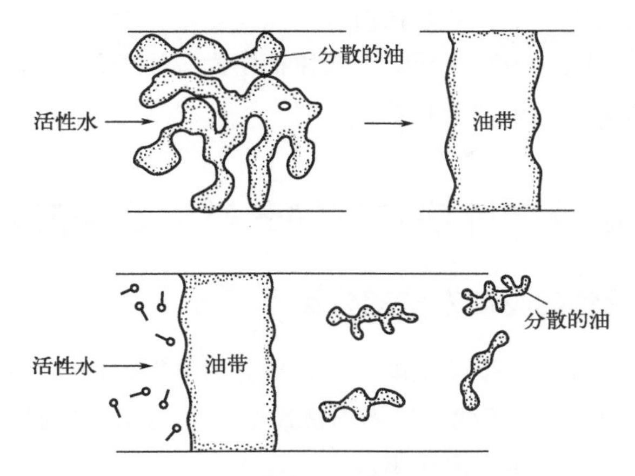

图 1-1　油滴聚并和油带的扩大示意图

润湿接触角增加，使岩石表面由油湿性向水湿性转变，从而减小油滴在岩石表面的黏附力（图 1-2）。

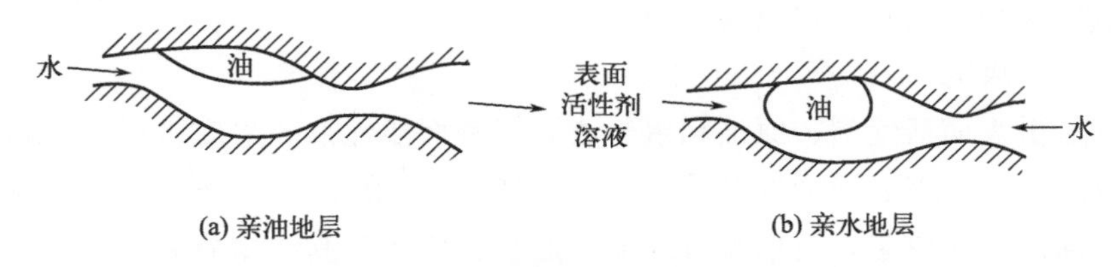

图 1-2　表面活性剂使孔隙表面润湿性反转示意图

1.3.5　提高岩石表面电荷密度机理

当驱油表面活性剂为阴离子（或非离子、阴-非离子）表面活性剂时，它们吸附在油滴和岩石表面上，可提高表面的电荷密度，增加油滴与岩石表面间的静电斥力，使油滴易被驱替介质带走，提高了驱油效率（图 1-3）。

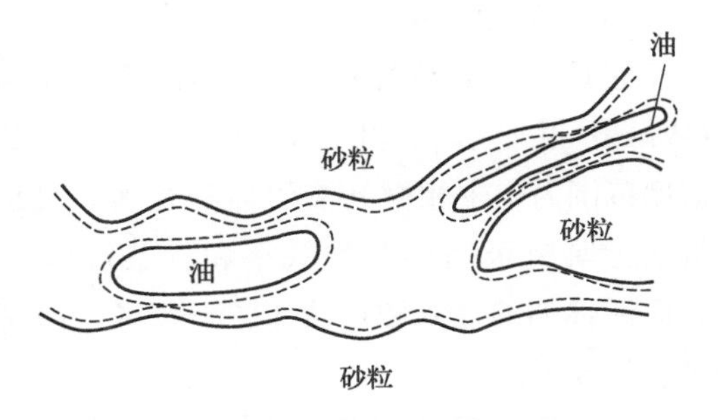

图 1-3　静电斥力对残余油流动的作用

1.3.6　改变原油流变性机理

原油中因含有胶质、沥青质、石蜡等而具有非牛顿流体的性质，其黏度随剪切应力而变化，这种性质直接影响驱油效率和波及效率。提高采收率需改善原油的流变性，降低其黏度和极限动剪切应力。表面活性剂驱时，一部分表面活性剂溶入油中，吸附在沥青质点上，可以增强其溶剂化外壳的牢固性，减弱沥青质点间的相互作用，削弱原油中大分子的网状结构，从而降低原油的极限动剪切应力，提高采收率。

1.4 表面活性剂驱油方法的分类和现场应用简介

1.4.1 表面活性剂驱油方法的分类

表面活性剂驱油方法按照发展历程，可分为早期使用的活性水驱、胶束驱和微乳液驱，20 世纪 80 年代以来表面活性剂和其他驱油剂联合使用，产生了二元复合驱、三元复合驱和泡沫驱。

（1）低张力活性水驱

低张力活性水驱即注入低浓度（0.03%～0.3%）表面活性剂水溶液，通过降低油水界面张力（10^{-1}数量级）和改变润湿性等提高采收率。该技术在苏联取得成功，采收率提高约 10%。

（2）胶束驱

它是由表面活性剂、原油和水组成，当表面活性剂的浓度增加至临界胶束浓度以上时，许多表面活性剂分子（50～150 个）的疏水部分便相互吸引，缔合在一起，形成胶束，其形状有球形、层状和棒状。其结构分为油包水型和水包油型，它对于油水有较强的增溶能力，通过增加水的矿化度，可以使更多的原油溶解到胶束内部，取得较高的驱油效率。通常采用低浓度大段塞的注入方式，表面活性剂注入浓度约 2.5%，注入量约 0.5PV[1]，再注入聚合物保护段塞。

（3）微乳液驱

它是由表面活性剂、水、油、助表面活性剂和电解质构成，可分为上相（Winsor Ⅱ＋）、中相（Winsor Ⅲ）和下相（Winsor Ⅱ－）微乳液。在最佳含盐度范围内，中相微乳液的体积最大，黏度高，界面张力可达 10^{-3}～10^{-4} 数量级，具有极高的驱油效率和波及效率，提高采收率幅度高达 80%～90%。表面活性剂的注入浓度为 5%～12%，段塞量为 0.05～0.15PV，再注入聚合物保护段塞。

在美国开展的现场试验表明，胶束驱（称为稀体系）提高驱油效率为 10%OOIP（原油地质储量），而微乳液驱（称为浓体系）可达 24%OOIP。在

---

[1] PV 为孔隙体积倍数，即注入量或采出量除以孔隙体积的值，表示注入或采出的多少。

法国开展的微乳液驱现场试验，提高采收率高达34%OOIP。二者的采收率远远高于活性水驱，现场试验取得成功。但由于配方复杂，成本极高（尤其是微乳液驱），限制了其应用和推广。

（4）碱/表面活性剂驱（AS）

碱/表面活性剂驱是在碱水驱和表面活性剂驱的基础上发展起来的，将碱和表面活性剂联合使用，进一步降低界面张力和碱、聚合物的吸附滞留量，提高驱油效率并降低了注入化学剂的成本。

（5）碱/表面活性剂/聚合物三元复合驱（ASP）

ASP三元复合驱是在胶束驱和微乳液驱的基础上发展起来的，通过碱、表面活性剂和聚合物的联合使用，进一步降低界面张力（可达10^{-3}数量级），提高了注入液黏度，大大降低了表面活性剂的注入浓度和吸附滞留量，同时提高了驱油效率和波及效率，降低了化学剂的注入成本，提高了经济效益。ASP驱的驱油效果和胶束/聚合物驱、微乳液/聚合物驱接近，其成本却降低了1/3以上，在现场试验中得到了大量应用，取得了很好的效果。碱、表面活性剂和聚合物的使用浓度分别为1.2%～1.5%、0.3%和1200～2000mg/L。国内大庆油田、胜利油田、河南油田等进行了大量的先导试验和工业化试验，提高采收率20%以上，大庆油田形成了强碱和弱碱ASP驱油技术，处于世界领先水平。

（6）表面活性剂/聚合物二元复合驱（SP）

该技术是在ASP三元复合驱的基础上发展起来的，去掉了容易产生副作用的碱，在保证超低界面张力的前提下，提高了驱剂的黏度，从而适用于高矿化度和高钙镁油藏。表面活性剂和聚合物的使用浓度和ASP相近，其驱油效率虽低于ASP驱，但注入成本和可操作性优于前者，也不会带来结垢和乳化液破乳难题。该技术在中石化的胜利油田、河南油田等进行了现场试验，取得了很好的效果。目前胜利油田已将SP驱应用于海上油田，处于世界领先水平。

（7）泡沫驱

泡沫驱主要是在地层中注入发泡剂（表面活性剂）和气体（空气、氮气、烟道气和二氧化碳），通过液膜滞后、气泡缩颈分离和液膜分断等方式在地下产生泡沫。泡沫流体是一种非牛顿流体，它会优先进入并充满高渗孔隙，迫使后续流体进入中低渗孔隙，从而扩大波及效率进而提高采收率。在注水油藏中，发泡剂也能降低油水界面张力，从而提高驱油效率。在注气开发的油藏中，泡沫驱亦能有效防止气窜并扩大气体波及效率。

1.4.2 表面活性剂驱油现场应用简介

1.4.2.1 表面活性剂驱油现场试验

早期表面活性剂驱油的现场试验是20世纪80年代以前在美国和苏联进行的，美国以胶束驱和微乳液驱为主，而苏联则以低浓度表面活性剂驱为主。国内表面活性剂驱油是20世纪90年代以后在中原油田、胜利油田和河南油田等小范围开展先导试验。

(1) 美国

1972年12月海湾大学研究联合公司（GURC）调查发现10个正在进行和9个计划的试验应用了表面活性剂。1974年Bleakley的调查表明，石油行业当时正在进行或已经完成的提高石油采收率方案有177个，并列出了低和高浓度表面活性剂段塞矿场试验的详情。当时的美国能源研究和开发管理局与城市服务石油公司在堪萨斯进行胶束驱提高石油采收率的矿场试验。该方案总费用为810万美元。*Oil & Gas Journal* 报道了菲利浦石油公司与美国能源部一起在俄克拉何马进行1个970万美元的胶束/聚合物驱试验（1981年完成）。

1962年以来，马拉松石油公司单独以及与其他公司合作已进行了17个矿场试验。这些试验的规模从小于1acre（英亩）到大于40acre（1acre＝4046.856m^2）。马拉松试验是高浓度小段塞表面活性剂驱的代表（称为马拉驱）。表1-1概括了这些方案的试验条件，并以m^3/(acre·m)（即每英亩面积上每米厚油层的增油量）为单位给出了采油效果。这些方案列出了6.36×$10^4 m^3$的三次油。119-R方案到1975年7月为止从全部井网累计产油3.95×$10^4 m^3$，Bingham扩大试验在方案限定面积内采油量为795m^3/acre，或约164m^3/(acre·m)。

表1-1 马拉驱采油过程矿场试验概况

州	试验名称	试验日期		井网		主段塞/PV	流度段塞/PV	采油效果/[m^3/(acre·m)]
		开始	结束	类型	面积/acre			
伊利诺伊	Dedrick	1962.11	1964.12	正五点	2.5	0.035	0.066	200
	Wilkin	1964.01	1965.01	正五点	2.5	0.035	0.066	45
	Henry-W	1965.11	1967.04	反五点	0.75	0.09	2.00	200
	Henry-E(0.75)	1965.11	1966.01	反五点	0.75	0.40	0.44	88
	Henry-E(1.5)	1966.06	1967.01	反五点	1.5	0.20	0.83	107
	Henry-E(3.0)	1967.06	1968.06	反五点	3.0	0.10	0.55	83
	119-R	1968.09	—	行列	40.0	0.07	1.00	

续表

州	试验名称	试验日期		井网		主段塞/PV	流度段塞/PV	采油效果/[m³/(acre・m)]
		开始	结束	类型	面积/acre			
伊利诺伊	Henry-S	1969.10	1970.03	单井	0.2	0.048	1.75	183
	118-K	1969.09	1971.12	正五点	2.4	0.035	0.87	104
	Aux Vases	1970.05	1972.07	正五点	4.3	0.025	0.24	
	MT No.1	1973.03	1973.06	单井	0.2	0.07	0.93	148
	MT No.2	1973.10	—	单井	0.2	0.07	0.93	
宾夕法尼亚	Bingham533	1968.12	1971.5	反五点	0.75	0.10	2.00	120
	Bingham扩大	1971.01	—	16个反五点	47.0	0.05	0.95	200
	Goodwill Hill	1971.05	—	9个反五点	10.0	0.05	0.95	45

伊利诺伊和宾夕法尼亚的试验结果证明了对于水驱油藏，用高浓度表面活性剂胶束溶液驱油在技术上是可行的。

除此之外，表1-2列出了6个试验的结果（包括了表1-1中2个马拉驱的试验结果）。可以看出，微乳液/聚合物驱的采收率很高，最高可达到62.96%，胶束/聚合物驱的较低，仅为15.37%和32.54%，不到前者的1/2。3个胶束驱试验中只有2个采出了油。飞马石油公司的试验过程中发现观察井的含油率增加了，但未进行流度控制是产量不高的主要因素。

表1-2 表面活性剂驱矿场试验概况

公司	矿场方案	过程类型	面积/acre	S段塞/PV	流度段塞/PV	剩余油采收率/%
马拉松	119-R	微乳液/聚合物驱	40.0	0.07	1.00	47.08
联合	Higgs Union	微乳液/聚合物驱	8.23	4.0	0.678	62.84
马拉松	Heavy-W	微乳液/聚合物驱	0.75	0.09	2.00	62.96
埃克森	Loudon油田	胶束/聚合物驱	0.625	0.40	0.30	15.37
壳牌	Benton油田	胶束/聚合物驱	1.0	1.111	3.30	32.54
飞马	Loma Novia油田	胶束驱	5.0	12.0	—	—

（2）苏联

苏联从1964年先后在阿尔兰油田、杜玛兹油田、罗马什金油田、比比-艾巴特油田等进行了矿场试验，以后又扩大至萨莫特洛尔等一些大油田进行工业化试验。其采用低浓度非离子表面活性剂，由于表面活性剂在地层的损失很大，价格昂贵，矿场试验的效果较差。1966年注入非离子稀体系23.8×

10^4m^3，1970 年注入 $50.8\times10^4m^3$，增油 8.3×10^4t；1975 年注入 $47.8\times10^4m^3$，增油 11.0×10^4t，占当年三采总增油量的 4.0%。1988 年 33 个活性剂驱试验区中有 21 个有效，增油量仅 36×10^4t，占当年三采总增油量的 4.8%。在加入杀菌剂后，试验效果较好，增产持续时间增加 1 倍以上，并进行工业化推广。部分试验的数据见表 1-3。

表 1-3 苏联部分低浓度表面活性剂现场试验数据

油田	孔隙率/%	渗透率/D①	原油黏度/(mPa·s)	注/采井数	注入年份	注入浓度/%	效果
阿尔兰	24	0.68	18～20	2/6	1964	0.05	无水采收率增加 10.3%～13.3%，含水率 75%时采收率>15%
丘罗夫达格				8/—	1967	0.2～0.03	增油 2 万 t，换油率 95t/t
				8/—	1969	0.3～0.1	增油 4.87 万 t，换油率 144t/t
比比-艾巴特	18.9	0.45		5/—	1965	0.08	注入井吸水能力提高 18%～20%
阿尔兰				13/74	1972	0.058	增油 5 万 t，换油率 110t/t
阿尔兰		0.59	20～30	15/80	1967	0.05	提高采收率 7.2%，换油率 350t/t
杜玛兹			2.75	6/24	1972	0.024	波及体积增加 20%
乌津	22	0.01～1.0	3.35～8.45	32/167	1980	0.05	增油 38.5 万 t，换油率 98t/t

① 渗透率单位，达西，$1\mu m^2=1.01325D=101325mD$。

苏联的低浓度表面活性剂试验表明：

① 地层中富含硫矿物（FeS 或 Fe_2S_3）和硫是非离子表面活性剂发生降解的主要原因，注入杀菌剂可使损耗量降低 55%。

② 含油岩石的润湿性从亲油向亲水转化，含胶质（15.6%）、沥青质（7.6%）的原油在表面碎屑砂岩的亲油化度为 40%～60%，注入非离子表面活性剂可以降低岩石的亲油化度 10%～20%。

③ 数学模型研究表明，在含水率 60%～75%时注入表面活性剂，采收率提高 7.8%～9.0%；如在开发初期就注入，采收率提高 11.2%，换油率达 110t/t。

（3）国内表面活性剂驱油现场试验

20 世纪 90 年代以后，国内开展了一些表面活性剂驱先导试验，使用的是单一表面活性剂的稀溶液（0.1%～0.3%），结果如下：

国内第一个化学驱现场试验是 1994 年 3 月在玉门油田老君庙 L 油藏

H184井组进行的胶束/聚合物先导试验，增产原油431t，提高采收率1.82%。

中原油田在胡5-15块低渗低黏高盐油藏开展表面活性剂驱先导试验，使用的表面活性剂为混合石油羧酸盐（SDC），界面张力为3×10^{-2}mN/m（0.3%），日产油由试验前的10.5t增加到试验后的20.1t，含水率由97.2%下降至90.9%，净增油2.1×10^{4}t，投入产出比为1∶4.15。

胜利油田在孤岛中渗（900mD）、高黏（2300mPa·s）油田开展表面活性剂驱先导试验（3注/6采），表面活性剂为石油磺酸盐（SLPS），界面张力为5×10^{-2}mN/m（0.14%），试验后日产油增加28.5t，增加了1.4倍，含水率下降10.7%，投入产出比为1∶5。

河南油田于2002年在古城B125块普通稠油油藏开展表面活性剂辅助热水驱先导试验，使用的表面活性剂为重芳烃磺酸盐（HPS），界面张力为5×10^{-2}mN/m（0.14%），采用调剖+分层注水工艺，试验区净增油9790t，提高采收率3.8%，投入产出比为1∶6.5。

2010～2011年，延长油田在3个采油厂6个试验区的95个注采井组376口井上进行了生物活性复合驱现场试验，使用的表面活性剂为生物酶表面活性剂和非离子表面活性剂烷基糖苷（APG）。截至2013年12月31日，9个试验区累计增油74044t，新增产值2.4434亿元，按照每吨油生产成本1653元计算，新增利润1.22亿元。

另外，大庆油田采油一厂在低渗透油藏（20～50mD）开展表面活性剂增注矿场试验，使用的表面活性剂为FLZB（0.5%）+助剂A（1.0%），界面张力为2×10^{-3}mN/m。共实施了179井次，注入压力平均下降了1.7MPa，平均日注量增加了41.6m^3（增加97%），有效期达22个月，远高于酸化的5～6个月。

1.4.2.2 复合驱现场试验

国内外复合驱的现场试验大部分集中在ASP三元复合驱，SP二元复合驱试验相对较少，而AS二元复合驱试验更少，主要是油价低迷所致。大庆油田和胜利油田已经进入了ASP和SP工业化推广试验阶段，是目前世界上较大的ASP和SP驱应用的油田。

（1）碱/表面活性剂/聚合物三元复合驱（ASP）

大庆油田从1994年9月至2002年5月开展了5个ASP先导试验，提高采收率19.16%～25.00% OOIP，累计增油67.87×10^{4}t，其后开展的扩大试验或工业化试验提高采收率18%～23%OOIP；2013年，大庆油田三元复合驱累计增油121.5×10^{4}t，整个油田三元复合驱累计增油达到1013×10^{4}t。

1992年胜利油田在孤东小井距开展了ASP先导试验，提高采收率26%

OOIP，1997年又在孤岛西部进行了一次ASP先导试验，提高采收率15.5%OOIP。

1995年克拉玛依油田开展了一次ASP先导试验，提高采收率25%OOIP。

河南油田于2012年2月在双河$Ⅳ_{5-11}$层系高温油藏（81℃）进行ASP现场试验，试验区水驱采出程度已达51%。截至2015年12月1日，试验区累计增油14.75×10^4t，阶段提高采收率6.9%OOIP，预测最终提高采收率14.2%OOIP。试验结果见表1-4。

表1-4　国内外ASP现场项目效果统计

序号	油田/区块	化学剂	原油密度/(g/cm³)	原油黏度/(mPa·s)	水驱阶段	提高采收率(EOR)/%OOIP
1	大庆，中区西部	ASP	0.84	9～11	高含水	21.4
2	大庆，杏5区中块	ASP	0.84	9～11	高含水	25.0
3	大庆，杏2区西部	ASP	0.84	9～11	高含水	19.24
4	大庆，小井距北井组	ASP	0.84	9～11	高含水	23.24
5	大庆，北一断西	ASP	0.84	9～11	高含水	21.9
6	大庆，杏2区中部	ASP	0.84	9～11	高含水	18
7	大庆，萨5-Z	ASP	0.84	9～11	含水率>85%	19
8	大庆，北1-东-Ⅱ	ASP	0.84	9～11	含水率>85%	23
9	大庆，北2-西-Ⅱ	ASP	0.84	9～11	含水率>85%	19
10	大庆，南五区	ASP	0.84	9～11	高含水	20
11	大庆，北三东西	ASP	0.84	9～11	高含水	20.5
12	胜利油田孤东	ASP	0.95	41	三次采油	26
13	胜利油田孤岛	ASP	—	46	三次采油	15.5
14	新疆，克拉玛依油田	ASP	0.88	53	三次采油	25
15	河南，双河油田$Ⅳ_{下}$	ASP	0.88	15	三次采油	6.9(14.2)①
16	美国，Tanner油田	ASP	0.93	11	二次采油	18
17	美国，West Kiehl油田	ASP	0.91	17	二次采油	21
18	美国，Cambridge Minnelusa油田	ASP	0.93	31	二次采油	23
19	美国，White Castle油田	ASP	0.88	3	三次采油	10
20	委内瑞拉，LagomarLVA-6/9/21	ASP	—	2.5	三次采油	48②

① 6.9%为2015年12月1日数据，括号内为预测采收率。

② 48%为残余油采收率。

（2）表面活性剂/聚合物（SP）二元复合驱

图1-4表明了美国11个SP先导试验的水驱剩余油采收率和表面活性剂用量

的关系，表面活性剂用量是注入的孔隙体积（分数）X 与其浓度 C（%）的乘积。该现场项目中的表面活性剂用量很高，接近 1（相当于注入 1%的表面活性剂 1PV）；当表面活性剂用量为 0.5 时，先导试验的采收率只有室内结果的一半。

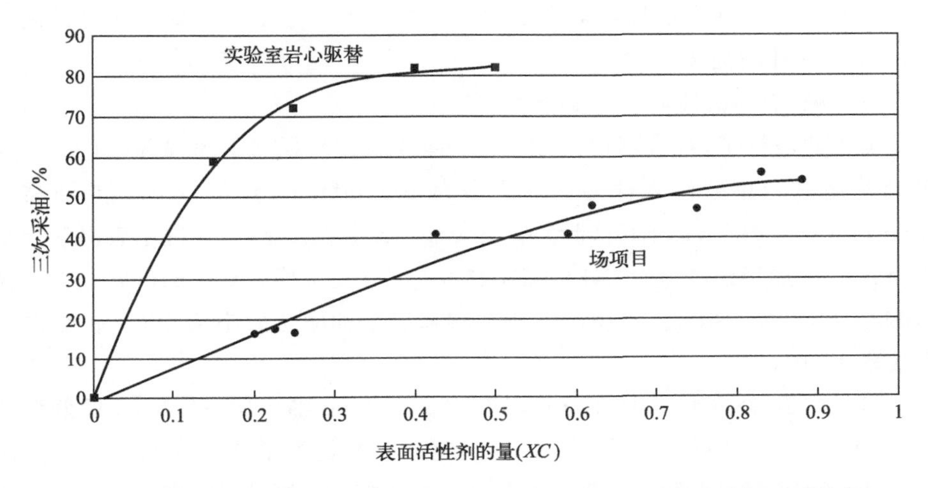

图 1-4 采油效率随表面活性剂注入量的关系（试验室和成功的矿场试验数据）

2003 年 9 月，胜利油田在孤东油田七区 $Ng5^4$-6^1 层开展 SP 驱先导试验，含水率由 98%降至 83.3%，日产油由 44t 增加至 218t，截至 2011 年 7 月，提高采收率 16.7%OOIP。

2003 年 9 月，在胜利孤东油田七区西南部 $Ng5^4$-6^1 层开展的二元复合驱先导试验，试验区含油面积 0.94km²，地质储量 277×10^4t，设计生产井 16 口、注入井 10 口。截至 2009 年底，中心井区累计增油 11×10^4t，提高采收率 16.2 个百分点；试验区累计增油 22.3×10^4t，提高采收率 8.1 个百分点。2006 年六区东南部在聚合物驱后含水率上升时进行 SP 二元驱，提高采收率 4.06%OOIP。六区西北部于 2007 年 11 月转入二元驱，提高采收率 3.59%OOIP。

2006 年 12 月，孤东油田二元复合驱试验首次进行工业化推广，设计地质储量 2063×10^4t，注入井 94 口，生产井 160 口，该试验是在聚合物驱的基础上进行的。截至 2011 年 12 月底，累计增油 60.08×10^4t，提高采收率 2.54%OOIP。

2008 年，胜利油田在孤岛采油厂中一区馆 3 开发单元实施“聚驱后井网调整非均相复合驱先导试验”，旨在大幅提高聚合物驱后油藏的采收率。与水驱相比，先导区和扩大区分别提高采收率 12.5%OOIP 和 11.0%OOIP，整个单元采出程度达 54.1%OOIP。

截至 2011 年底，孤东油田 SP 驱动用储量 4966×10^4t，累计增油 166×

10^4t，其中2011年SP驱增油41.1×10^4t，占三次采油增油量的70.07%。SP驱共有注入井189口，日注量16891m^3，生产井310口，日产油1777.4t，日产油是试验前的2.85倍。

2009年6月河南油田在双河438块开展SP二元复合驱现场试验，截至2011年，累计增油2.1×10^4t。

(3) 碱/表面活性剂二元复合驱（AS）

美国共进行了两次试验，一次是1994年在路易斯安那州White Castle油田Q沙组进行单井注入试验，渗透率为1000mD，孔隙度31%，原油黏度2.8mPa·s，酸值（以KOH计）1.5mg/g，油藏温度64℃。选用表面活性剂为AOS（α-烯烃磺酸盐）+NEODOL25-9［C_{12}～C_{15}醇聚氧乙烯（9）醚］，碱为Na_2CO_3+Na_2SiO_3。试验后，测井解释剩余油驱替效率为100%，纵向波及效率为50%。

另一次是2003年9月在东肯塔基Big Sinking油田的EL Rogers低渗透（45mD）试验区开展了一次AS先导试验，主要是为了增加注水能力，选用NaOH+ORS-62HF为注入剂，注入半径为7.62m。试验后，和注水相比，注入性能增强了2.19倍。

2007年在马来西亚Angsi油田（海上）进行了2口井的单井吞吐试验，试验区为低渗透、高温（119℃）、高矿化度（35g/L）油藏，表面活性剂为SCC-1A（混合羧酸盐，0.2%），碱为Na_2CO_3（1.5%），同时添加了3000mg/L的KCl，注入后近井地带残余油饱和度从20%和31%降至8%和6%，可提高采收率14.6%OOIP。

1.4.2.3 泡沫驱现场试验

典型的泡沫驱包括：水基泡沫改善蒸汽驱和CO_2驱；凝胶泡沫用于封堵高渗透通道，预防或延迟水或气体的指进。矿场试验分为气体和液体同时注入或交替注入（SAG）的方式。以下仅简单介绍泡沫驱在注水和注气开发油藏的应用。

世界上首次泡沫驱试验是在美国伊利诺伊州的Siggins油田进行的，1964～1967年进行空气泡沫驱试验，以十二烷基硫酸铵为发泡剂，试验后生产水油比由试验前的25∶1下降至12∶1，表面活性剂的流度下降至初始值的35%。

美国Wilmington油田试验区经历21年的注水开发，含水率高达94%，在1982年，CO_2和N_2混合物替代水注入目标区块V断块中，为了改善注气波及效率，1984年开展泡沫驱试验，发泡剂为脂肪醇聚氧乙烯醚硫酸铵，共进行了8个周期的SAG循环。试验后，进入顶部高渗透的气体由试验前的

99%降至57%，进入中部低渗透层的气体由试验前的不足1%大幅度上升至43%，测试井的表皮因子由10改善为1.5，有效缓解了注入气体的窜流。

美国得克萨斯州的Wald-Estes油田是成功应用泡沫驱的例子，在1982年开始进行CO_2驱，试验前采出程度达到46%OOIP。由于油藏非均质性导致注入气体波及效率较低，因此选用一对注采井进行泡沫驱试验。选用的发泡剂为Chaser CD-1040（α-烯烃磺酸盐），从1990年3月至1991年7月共进行了4个周期的交替注入，产气量大大降低，日产油由0.16m^3上升至12.72m^3的高峰值（1991年5月），CO_2的注入性降低了40%～85%，SAG的效益最好，达到11.83×10^4美元。

挪威Snorre泡沫辅助水气交替注入（FAWAG）是目前泡沫在世界石油行业最大的应用，注入约2000t商品级α-烯烃磺酸盐（AOS）表面活性剂，包括3次注入性试验，1个全面的SAG试验和1个全面的气液同注试验，气体为天然气。1996年7月P-18井封气处理2个月，气油比下降了50%。2000年2月进行表面活性剂辅助气水交替（SAWAG）注入，共进行了2个循环，突破时间至少延迟了5个月，生产原油25×$10^4$$m^3$，处理成本约100万美元，大量气体可以暂时或永久埋存。

2004年10月，胜利油田在埕东西区开展泡沫复合驱油先导试验，试验区为典型的大孔道油藏，综合含水率达97.1%，采出程度为40%OOIP。采用氮气和聚合物/起泡剂增强泡沫体系进行交替注入。实施后，中心井区综合含水率由95.9%最低下降至87.5%，日产油量由4.5t最高上升到23.6t，日增油5.2倍。截至2010年11月底，油井一直维持见效高峰，中心井区累计增油1.95×10^4t，提高采收率4.6%OOIP。

第2章 驱油用表面活性剂的性质及特征

本章介绍表面活性剂的分类、用途，表面活性剂溶液的性质，驱油用表面活性剂的发展现状、产品和生产情况以及发展趋势。

2.1 表面活性剂的分类

表面活性剂（surfactant）是活跃于表面和界面上的，具有极高的降低表面、界面张力能力的一类物质，其在一定浓度以上的溶液中能形成分子有序组合体，从而具有一系列应用功能。从分子结构上来看，它含有亲油基（hydrophobic group）和亲水基（hydrophilic group），同时具有亲油和亲水的功能，在低浓度下能显著降低表面张力或界面张力。它能在溶液表面（或界面）形成吸附膜，又能在溶液中自聚，形成胶束，使得表面活性剂具有很多应用性能，如乳化、起泡、分散、抗静电、润湿等。表面活性剂种类繁多，按照发展历程和产品性质，分为传统表面活性剂和新型表面活性剂两大类。

2.1.1 传统表面活性剂

根据表面活性剂亲油基结构的不同，分为直链、支链和环状；根据亲水基的不同可分为离子型（阴离子、阳离子和两性离子）、非离子型以及二者的混合型。通常把传统表面活性剂分为阴离子型、阳离子型、两性离子型和非离子型四大类。

2.1.1.1 阴离子型

阴离子表面活性剂属于传统表面活性剂的重要类别，因其在水中可以离解出阴离子的特性，故称为阴离子表面活性剂，分为有机羧酸系、有机磺酸系、有机硫酸系和有机磷酸系等。从发展沿革来看，阴离子表面活性剂发展最早，肥皂（硬脂酸钠）是最早开发的表面活性剂。目前，阴离子表面活性剂的产量最大，品种最多，工业化成熟。其中产量最大、应用最广的产品为有机磺酸系列，其次为有机硫酸系列。

（1）有机羧酸系表面活性剂

有机羧酸系表面活性剂可分为两类：一是亲油基（R）直接与亲水基相连，结构式为 RCOONa；二是亲油基和亲水基通过中间基相连，如 $R(OCH_2CH_2)_nOCH_2COONa$。二者均是以天然油脂（植物或动物）或高级脂肪酸为原料制成的。

① 脂肪酸盐类表面活性剂。脂肪酸盐类表面活性剂是脂肪酸的碱金属（钾、钠）盐，结构式为 RCOONa，脂肪酸的碳链长度一般为 C_8～C_{22}，如椰子油酸、棕榈油酸、硬脂酸和油酸等，其碳数为偶数。随着碳链长度增加，其碱金属盐的亲水性和溶解度降低，遇硬水会产生沉淀。

② 醇醚羧酸盐。醇醚羧酸盐是烷基醚羧酸盐的一种，简称 AEC。其结构和脂肪酸盐类相似，不同的是亲油基和亲水基中间嵌入一定加成数的环氧乙烷（EO），从而兼有阴离子和非离子表面活性剂的许多优良特性，结构式为 $R(OCH_2CH_2)_nOCH_2COONa$，是一类温和、多功能和易生物降解的“绿色”表面活性剂。

③ 烷基酚醚羧酸盐。烷基酚醚羧酸盐是烷基醚羧酸盐的另一个品种，简称 APEC。其结构式为 $C_nH_{2n+1}C_6H_4(OCH_2CH_2)_mOCH_2COONa$，和 AEC 相似，所不同的是其中含有苯环，且烷基多为辛基、壬基或十二烷基。这类表面活性剂具有去污力强、稳定、泡沫丰富、乳化性好、耐盐、耐硬水和耐高温等特点。

（2）有机磺酸系表面活性剂

有机磺酸系表面活性剂是阴离子表面活性剂中最重要的产品，其亲水基为磺酸基，结构式为 RSO_3Na，按照亲油基可分为烷基苯磺酸盐、α-烯烃磺酸盐、脂肪酸酯磺酸盐等。

① 烷基苯磺酸盐。烷基苯磺酸盐是一种应用最广泛的阴离子表面活性剂，结构式为 $C_nH_{2n+1}C_6H_4SO_3Na$，碳链长度 n 一般为 10～24。其烷基碳链有直链和支链之分，前者的生物降解性明显高于后者，因此直链烷基苯磺酸盐（LAS）的应用范围最广、产量最高。它具有耐盐、耐硬水、抗氧化、耐酸碱、

乳化性好和稳定性高的特点。其短链为十二烷基苯磺酸钠，用作洗涤剂；长链称为重烷基苯磺酸钠，用于三次采油提高采收率。

还有一种磺酸盐是由原油中的馏分油磺化的，称为石油磺酸盐，其中不仅含有苯环、还含有萘环、蒽环等多环，有单磺化、二磺化和三磺化之分，这类表面活性剂主要用于提高石油采收率。

② α-烯烃磺酸盐。α-烯烃磺酸盐是α-烯烃磺化、中和后的产物，简称AOS，其碳数为10～20。由于烯烃来源、磺化设备和生产条件不同，产品为一系列组分的混合物。主要产物为α-烯基磺酸盐，占64%～72%，结构式为$RCH{=}CH(CH_2)_nSO_3Na$；少部分为羟基烷基磺酸盐，占21%～26%，结构式为$RCH(OH)CH_2(CH_2)_nSO_3Na$；副产物为二磺酸盐，占7%～11%，结构式为$RCH{=}CHCH(SO_3Na)(CH_2)_nSO_3Na$。常用产品按碳数分为AOS 12～18，AOS 14～16和AOS 16～18等。该产品具有温和、耐盐抗硬水、泡沫丰富、易降解、易和其他表面活性剂复配等优点。

③ 脂肪酸酯磺酸盐。脂肪酸酯磺酸盐表面活性剂（MES）是以天然的动物、植物油脂为原料，经磺化、中和后得到的一种表面活性剂，主要成分的结构式为$RCH(SO_3Na)COOCH_3$，副产品为二钠盐，即$RCH(SO_3Na)COONa$。产品无毒，刺激性小，去污力强，耐硬水，易生物降解，属绿色表面活性剂。

（3）有机硫酸系表面活性剂

有机硫酸系表面活性剂是另一个重要的阴离子表面活性剂，其结构中含有C—O—S键，溶解性高于磺酸盐，但容易水解。常用的品种包括脂肪醇硫酸酯盐、聚氧乙烯醇醚硫酸酯盐等，均是以脂肪醇为原料生产的。

① 脂肪醇硫酸酯盐。脂肪醇硫酸酯盐又称烷基硫酸盐，结构式为$ROSO_3Na$，碳数一般为12～14。具有良好的溶解性、起泡性和去污力，且易于和其他类型表面活性剂复配。

② 聚氧乙烯醇醚硫酸酯盐。聚氧乙烯醇醚硫酸酯盐（AES）是脂肪醇聚氧乙烯醚（AEO）非离子表面活性剂经硫酸化的产物，可以认为是一种改性的非离子表面活性剂，其结构式为$RO(CH_2CH_2O)_nSO_3Na$。具有好的水溶性和耐硬水性能。

（4）有机磷酸系表面活性剂

有机磷酸系表面活性剂是将含羟基的化合物如脂肪醇、烷醇酰胺、乙氧基醇和烷基酚等与磷化剂酯化反应制得，酯化产物分为单酯、双酯和三酯的混合物，碳链长度为8～18，乙氧基加成度为3～12。主要产品有：脂肪醇磷酸酯盐，结构式为$(RO)_2POONa$（双酯）；烷醇酰胺磷酸酯盐，结构式$RCON(CH_2CH_2O)_2POONa$（二磷酸酯盐）；乙氧基醇磷酸酯盐和烷基酚聚氧乙烯醚磷酸酯盐等。产品兼有非离子和阴离子的特性，具有低毒、低刺激、易降解、耐酸碱、抗静电等特性。

2.1.1.2 阳离子型

阳离子表面活性剂是传统表面活性剂中一大类，由于其在水中能离解出阳离子，故称为阳离子表面活性剂，具有很强的抗菌、杀菌、防腐、抗静电等功能。

阳离子表面活性剂的亲水基为氮原子，它提供正电荷，也可以由磷、硫、碘等提供正电荷。按照亲水基的不同可分为有机胺系表面活性剂、季铵盐系表面活性剂、有机杂环系表面活性剂和鎓盐系表面活性剂四大类。

(1) 有机胺系表面活性剂

脂肪胺可与盐酸、硫酸、有机酸等形成胺盐——伯胺盐、仲胺盐、叔胺盐均为阳离子表面活性剂，其结构通式为 $R^1R^2R^3N^+HX^-$，其中 R^1 为 C_{10}～C_{18}的烷基，R^2、R^3 为低分子烷基（甲基、乙基、苄基）或氢原子，X 为卤素或无机酸根。一般长链有机胺系表面活性剂均难溶于水，但其盐酸盐、硫酸盐、磺酸盐等均能溶于水，并离解出阳离子，具有表面活性。

(2) 季铵盐系表面活性剂

叔胺和烷基化剂反应可以制得季铵盐，其结构通式为 $R^1R^2R^3R^4N^+X^-$，其中 R^1 为 C_{10}～C_{18}的烷基，R^2、R^3、R^4 为甲基、乙基，其中一个也可以是苄基，X 为卤素或其他阴离子基团。典型的产品为十二烷基二甲基叔胺和氯苄或溴苄生成的季铵盐，前者为十二烷基二甲基苄基氯化铵（洁尔灭），后者为十二烷基二甲基苄基溴化铵（新洁尔灭），常用于医学消毒。

(3) 有机杂环系表面活性剂

有机杂环系阳离子表面活性剂包括吡啶、咪唑啉、嘧啶、喹啉和吗啉等季铵盐，这类表面活性剂水溶性好，可作为金属防腐剂和乳化剂等。

(4) 鎓盐系表面活性剂

鎓盐系列表面活性剂带正电的为磷、硫、碘等，产品包括季磷盐、硫鎓盐和碘鎓盐等。季磷盐主要用作乳化剂、杀虫剂和杀菌剂，其化学稳定性比季铵盐高；硫鎓盐和苄基季铵盐相仿，是非常有效的杀菌剂，但对皮肤的刺激性较低；碘鎓盐具有抗微生物功能，与肥皂阴离子表面活性剂有很好的相容性，在复配体系中保持着较高的杀菌消毒效果。

2.1.1.3 两性表面活性剂

两性表面活性剂是表面活性剂的基本类别之一，在水中可以电离出阴离子和阳离子。当 pH 低于等电点时，具有阳离子表面活性剂的性质；当 pH 高于等电点时，则具有阴离子表面活性剂的特性；pH 在等电点区内，主要表现为两性离子的特性。其阴离子基本为羧基、磺酸基、硫酸基和磷酸基，阳离子为氨基或季铵基。由于氮原子连接方式不同，可以是链胺（铵）、环胺（咪唑环、吡啶环）等。根据其原料来源和中间产物的不同，可分为甜菜碱系、氨基酸系、咪唑啉系和磷脂系。

（1）甜菜碱系表面活性剂

甜菜碱系表面活性剂是两性表面活性剂中开发较广、种类和数量较大的产品，它有两个突出的特点，一是溶解度不受 pH 影响，二是没有电中性沉淀现象，因此可与阴离子表面活性剂进行复配而表现出良好的协同效应。目前，以羧酸型甜菜碱种类最多，但从应用方面来看，磺基甜菜碱更受青睐。

根据阴离子的不同，甜菜碱主要分为羧酸型、磺酸型和硫酸型。

① 羧酸型甜菜碱。羧酸型甜菜碱的阴离子为羧基，根据合成原料和方法不同，其产品主要分为 *α*-烷基甜菜碱、*N*-烷基甜菜碱、*N*-酰胺取代甜菜碱、*N*-长链烷氧基取代的甜菜碱等。

a. *α*-烷基甜菜碱。该类产品主要是由高级脂肪酸经过 *α*-卤代，再和短链叔胺反应而制得。结构式为 $RCH(N^{+}R'_{3})COO^{-}$，其中，长链烷基 R 碳数 $n=7\sim17$，R′一般为甲基、乙基等。

b. *N*-烷基甜菜碱。该产品是由叔胺和卤代乙酸钠反应而制得，其结构式为 $RN^{+}(CH_3)_2CH_2COO^{-}$，其烷基 R 中碳链长度为 10～18，当 $n=12$ 时，产品为十二烷基二甲基甜菜碱，产品代号 BS-12。

c. *N*-酰胺取代甜菜碱。该产品是由高级脂肪酸酰胺季铵化的产物，结构式为 $RCONH(CH_2)_nN^{+}(CH_3)_2CH_2COO^{-}$，其中 $n=2$ 或 3。高级脂肪酸碳数一般为 $C_{10}\sim C_{18}$，或采用天然脂肪酸如椰油酸、棕榈酸等。

d. *N*-长链烷氧基取代的甜菜碱。该产品是由烷基甲基醚形成的甜菜碱，结构式为 $CH_3(CH_2)_nOCH_2N^{+}(CH_3)_2CH_2COO^{-}$，起泡力较强，常用作发泡剂。

② 磺酸型甜菜碱。磺酸型甜菜碱是其分子中阴离子为磺酸基（$—SO_3^{-}$）的一类甜菜碱的总称，磺基甜菜碱（SB）也可称作铵链烷磺基内酯，它与烷基甜菜碱相似，是三烷基铵盐化合物，只是用烷基磺酸取代了羧基甜菜碱中的烷基羧酸，故称为（烷基）磺基甜菜碱。

磺基甜菜碱因分子结构中的负电中心由强酸性的磺酸基官能团负载，强碱性的季铵离子与具有同样强酸的磺酸基离子相平衡，因而与羧基甜菜碱不同，不会形成内盐，可以与其他所有表面活性剂配伍，比相应的羧酸甜菜碱熔点高，在硬水中的钙皂分散性更好。产品主要分为磺乙基甜菜碱、磺丙基甜菜碱、羟丙基甜菜碱和酰胺丙基羟丙基甜菜碱等。

a. 磺乙基甜菜碱。结构式为 $CH_3(CH_2)_nN^+(CH_3)_2(CH)_2SO_3^-$，其中 $n=7\sim17$。

b. 磺丙基甜菜碱。磺丙基甜菜碱为季铵盐类两性表面活性剂，具有季铵盐阳离子及磺酸基阴离子，其结构式为 $CH_3(CH_2)_nN^+(CH_3)_2(CH)_3SO_3^-$，$n=7\sim17$。若长链叔胺用别的酰胺类的相应产品能合成相应的酰胺类磺基甜菜碱，分子式为 $CH_3(CH_2)_nCONH(CH_2)_3N^+(CH_3)_2(CH)_3SO_3^-$，$n=7\sim17$。由于丙磺酸内酯易爆且致癌，工业上很少使用。

c. 羟丙基甜菜碱。羟基磺丙基甜菜碱的分子式为 $CH_3(CH_2)_nN^+(CH_3)_2CH_2CH(OH)CH_2SO_3^-$，$n=7\sim17$。

d. 酰胺丙基羟丙基甜菜碱。用长链叔胺及相应的酰胺类产品可合成相应的酰胺类羟基磺丙基甜菜碱，其分子式为 $CH_3(CH_2)_nCONH(CH_2)_3N^+(CH_3)_2CH_2CH(OH)CH_2SO_3^-$，$n=7\sim17$。

③ 硫酸型甜菜碱。若将普通甜菜碱中的羧基换成硫酸基，便得到烷基硫酸基甜菜碱，结构式为 $RN^+(CH_3)_2(CH_2)_mOSO_3^-$，其中 $m=2$、3。该类产品开发较晚，种类较少。

(2) 氨基酸系表面活性剂

氨基酸兼有羧基和氨基，当氨基上的氢原子被长链烷基取代，为氨基酸型两性表面活性剂。该产品在水中具有明显的等电点，此时其溶解度最小（或析出）。产品以羧酸型氨基酸两性表面活性剂的种类最多，数量大、应用最广。

羧酸型氨基酸表面活性剂主要分为两类，即 α-氨基酸类和 β-氨基酸类。

α-氨基酸类是由长链胺和氯乙酸等合成的，产品结构式为 $RNHCH_2COONa$ 或 $RN(CH_2COONa)_2$，产品常用作钙皂分散剂。β-氨基酸类是由脂肪胺和丙烯酸甲酯反应生成的，其结构式为 $RNHCH_2CH_2COONa$ 或 $RN(CH_2CH_2COONa)_2$。产品可用作洗涤剂、杀菌剂、抗静电剂和润湿剂。

(3) 咪唑啉系表面活性剂

咪唑啉系表面活性剂在两性表面活性剂中占有相当大比例，其中含有脂肪烃的咪唑啉型两性表面活性剂，具有商业价值，具有较好的洗涤性、发泡性和抗静电性，无毒，对眼睛、皮肤的刺激性小，易降解。产品主要分为羧酸型、磺酸型和硫酸型，羧酸型环状咪唑啉型表面活性剂的结构见图 2-1，若将其中的羧基（COO^-）

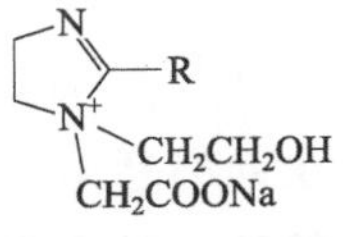

图 2-1　羧酸型环状咪唑啉两性表面活性剂的结构

替换成磺基（SO_3^-）、硫酸酯基（OSO_3^-），则相应成为磺酸型和硫酸型咪唑啉两性表面活性剂。

（4）磷脂系表面活性剂

磷脂是存在于生物界的一类天然表面活性剂，卵磷脂是磷脂型表面活性剂中最具代表性的产品，化学名称为磷脂酰胆碱（PC），广泛存在于植物种子、动物血液及脏器等中，植物中以大豆的含量较高，占1.6%～2.0%。主要用作营养液、乳化剂、渗透剂等。

2.1.1.4　非离子型表面活性剂

非离子型表面活性剂不同于离子型表面活性剂，是在水中不能离解成离子状态的具有两亲结构的化合物，它具有高表面活性、低临界胶束浓度，增溶能力强，具有良好的乳化性和去污力。按照亲水基、亲油基的不同，可分为以下5大类：

（1）聚氧乙烯系表面活性剂

该系表面活性剂的亲水基为聚氧乙烯基，包括烷基酚聚氧乙烯醚（如OP系列）、脂肪醇聚氧乙烯醚（平平加系列）、聚氧乙烯脂肪酸酯、聚氧乙烯酰胺、聚氧乙烯脂肪胺、吐温系列表面活性剂等。

（2）多元醇酯系表面活性剂

该系的亲水基为乙二醇、丙三醇、季戊四醇等，包括脂肪酸乙二醇酯、单脂肪酸甘油酯、脂肪酸季戊四醇酯、脂肪酸失水三梨醇酯和蔗糖脂肪酸酯等。

（3）聚醚系表面活性剂

这是一种高分子非离子型表面活性剂，以聚氧丙烯链为亲油基，聚氧乙烯链为亲水基，其结构式为$HO(C_2H_4O)_a(C_3H_6O)_b(C_2H_4O)_cH$。

（4）烷醇酰胺系表面活性剂

这是一类特殊的非离子型表面活性剂，其亲水基为二乙醇胺，亲油基为天然脂肪酸如椰油酸、棕榈酸等，属于绿色非离子型表面活性剂，结构式为$RCON(C_2H_4OH)_2$。常用产品为椰子油酸-二乙醇胺缩合物，代号6501和6502，具有较强的起泡、稳泡作用和良好的洗涤、增溶、增稠和抗静电等性能。

（5）烷基糖苷系表面活性剂

烷基糖苷（APG）是由可再生资源天然脂肪醇和葡萄糖合成的，是一种性能较全面的新型非离子型表面活性剂，兼具普通非离子型和阴离子型表面活性剂的特性，具有高表面活性、良好的生态安全性和相溶性，是国际公认的首选绿色功能性表面活性剂。按照脂肪醇碳链范围不同，产品分为APG0810、

APG1214、APG0814、APG0816和APG1216。具有温和、耐硬水、耐酸碱、抗静电和易降解等特点。

2.1.2　新型表面活性剂

表面活性剂的大规模生产和使用，对于表面活性剂的环境友好和可降解并消除其带来的环境污染的需求日益增高，开发研制了一系列表面活性剂，包括Gemini型、元素型、高分子和生物表面活性剂等。

2.1.2.1　Gemini表面活性剂

该类产品含有两个相同的亲水基和亲油基，以中间基相连（刚性基团或柔性基团），又称为双子型表面活性剂。和传统表面活性剂相比：①具有高的表面活性、低的Krafft点和良好的水溶性；②更易吸附在水溶液表面，在溶液中自聚且易于形成更低曲率的聚集体；③具有良好的润湿能力且润湿速度较快；④对油的增溶能力强；⑤具有优良的起泡能力和泡沫稳定性。其分为阴离子型、阳离子型、两性离子型和非离子型。

（1）阴离子Gemini表面活性剂

按照亲水基的不同可分为羧酸型、磺酸型、硫酸型和磷酸型，其中磺酸型是最早研制、种类繁多、性能较好的产品，可与阳离子型、非离子型表面活性剂复配，具有较强的协同效应。

（2）阳离子Gemini表面活性剂

该类产品在国外备受关注，根据连接基团的结构可分为亚烷基（如$—CH_2CH_2—$）连接型、乙二醇醚（如$—OCH_2CH_2O—$）连接型和多种基团（酰氨基、酯基、苯基等）连接型三类。和传统阳离子表面活性剂相比，具有更低的临界胶束浓度（低1～2个数量级）和表面吸附量。

（3）非离子型和其他Gemini表面活性剂

主要以聚氧乙烯和天然糖基亲水基型为主。

2.1.2.2　元素表面活性剂

和传统表面活性剂不同，其分子中含有氟、硅、硼、磷等元素且具有特定功能，主要分为有机氟、有机硅和有机硼系表面活性剂。

（1）有机氟系表面活性剂

有机氟系表面活性剂是分子碳氢链中的氢元素被氟元素部分或全部取代形成的表面活性剂，以全氟代产物为主。其分类和传统表面活性剂相同，分为非离子和离子型，后者又分为阴离子、阳离子和两性离子型。

（2）有机硅系表面活性剂

有机硅系表面活性剂属于特种表面活性剂，与传统碳氢表面活性剂相似，其亲油基含有硅元素，分为硅烷基型（—C—Si—）和硅氧烷型（—O—Si—O）。其分类和传统表面活性剂相同，分为非离子和离子型，后者又分为阴离子、阳离子和两性离子型。

（3）有机硼系表面活性剂

有机硼系是一类沸点高、不易挥发、耐高温、可水解、有特定功能的表面活性剂，主要分为两类，一类为油溶性产品，如硼酸双甘酯单脂肪酸酯，具有良好的抗菌性、抗静电性且低毒；另一类为水溶性产品，如聚氧乙烯硼酸双甘酯单脂肪酸酯，其界面活性和传统表面活性剂不同，即含硼的碳链越短，表面活性越强。

2.1.2.3　高分子表面活性剂

高分子表面活性剂的分子量远远高于传统表面活性剂，其分子量≥1000，分子中有很多亲水基和亲油基，分布不规则。其理化性质和传统表面活性剂有较大差别，界面活性、起泡性、渗透力较低，但分散和絮凝作用强、乳化力强。按照原料来源分为天然亲油基和合成亲油基两类，主要产品分为有机糖系高分子表面活性剂（海藻酸钠、纤维素及衍生物、淀粉及衍生物），有机羧酸系表面活性剂（聚丙烯酸盐和聚甲基丙烯酸盐及其共聚物、聚马来酸盐及其共聚物等）和有机硅改性聚乙烯醇系表面活性剂（聚乙烯醇和有机硅改性聚乙烯醇类）。

2.1.2.4　生物表面活性剂

生物表面活性剂是一种新兴的表面活性剂，是利用生物技术提取一种两亲结构的物质，是通过发酵法和酶法两条并列途径生产。它具有6个特点：①结构复杂、表面活性高，乳化能力强；②能完全生物降解，不污染环境；③生物相容性好；④分子结构多样，有特殊官能团，作用专一；⑤原料来源广，廉价；⑥生产工艺简单，成本低。可分为糖脂系表面活性剂（鼠李糖脂等）、氨基酸系表面活性剂和高分子生物表面活性剂（脂多糖和蛋白质类）。

2.2　表面活性剂溶液的性质

本节主要介绍表面活性剂溶液的表（界）面张力、临界胶束浓度、表面活性剂的效能和效率、表面活性剂的界面吸附和表面活性剂的溶解性。

2.2.1 表面和界面张力

2.2.1.1 表面张力

(1) 定义

液体的表面张力(surface tension)是指作用于液体表面，使液体表面积缩小的力。其力学定义是作用于液体表面上任何部分单位长度直线上的收缩力，力的方向与该直线垂直并与液面相切，单位为mN/m。它产生的原因是液体跟气体接触的表面存在一个薄的表面层，表面层里的分子比液体内部稀疏，分子间的距离比液体内部大，分子间的相互作用表现为引力。通常所谓表面张力是指液相和空气相间的表面张力。

(2) 影响表面张力的因素

① 表面活性剂的类型和浓度。液体的表面张力是表示将液体分子从体相拉到表面上所做功的大小，与液体分子间相互作用力的性质和大小有关。相互作用强烈，不易脱离体相，表面张力就高。纯水的表面张力为72.6mN/m(20℃)，加入少量表面活性剂，可将表面张力降至20～50mN/m。表面活性剂的分子结构和浓度不同，降低表面张力的程度不同，详见2.2.2节。

② 温度。温度升高，表面活性剂分子键的引力减弱，表面张力随温度升高而减小。同时，温度升高，液体的饱和蒸气压增大，气相中分子密度增加，气相分子对液体表面分子的引力增大，导致液体表面张力减小。当温度达到临界温度T_c时，液相与气相界线消失，表面张力降为零。

③ 压力。随压力增大，表面张力减小。低压下影响不明显，高压下引起比较明显的变化。

(3) 表面张力的测定方法

表面张力的测定方法分为静态法和动态法，静态法包括滴重法、毛细管上升法、圆环法、吊片法、最大气泡压力法。动态法包括悬滴法、旋转滴法和振动射流法。其中毛细管上升法最准确，其结果常作为国际上的标准数据。圆环法、吊片法、悬滴法、旋转滴法和振动射流法均已开发出一系列全自动测量仪器，能够进行自动测量，精度高，误差小，测量范围0～400mN/m，灵敏度0.01mN/m，准确度±0.04mN/m。同时还能自动测定接触角、临界胶束浓度(cmc)、密度等。

2.2.1.2 界面张力

(1) 定义

在固体和液体相接触的界面处，或在两种不同液体相接触的界面上，单位面积内两种物质的分子，各自相对于本相内部相同数量的分子过剩自由能的加和值，就称为界面张力（interfacial tension）。在提高采收率的研究中，通常把两种互不相溶液体接触时其界面产生的力称为界面张力，一种液相为油相，另一液相为水相。通常在油藏条件下，油水界面张力为10～30mN/m，表面活性剂可将界面张力降至10^{-1}～10^{-3}数量级。所谓超低界面张力是指界面张力<0.01mN/m，即达到10^{-3}数量级。界面张力分为平衡界面张力和动态界面张力，通常以前者达到10^{-3}数量级作为表面活性剂的主要驱油指标。

（2）界面张力影响因素

影响油水界面张力的因素很多，也比较复杂，通常可分为3类：

① 油和水的性质。原油性质包括原油族组分和含量，胶质沥青质有利于降低界面张力，饱和烃和芳烃的影响较小；水的性质主要取决于无机盐的含量，一般地，无机盐在合适的矿化度范围内有助于降低界面张力，矿化度过高或过低，界面张力则相对较高。

② 添加剂的类型和浓度。常用的添加剂包括碱、聚合物、表面活性剂和无机盐。

a. 表面活性剂在一定浓度范围内，可将油水界面张力降至10^{-1}～10^{-3} mN/m范围，选择的表面活性剂的类型和分子结构必须和原油匹配，这样在一定含盐度下才能将界面张力降至超低水平，这也是表面活性剂选择的难点之一。

b. 碱只有在原油中含有有机酸及一些特定含氧化合物的情况下，才能降低界面张力，主要是碱和原油中的有机酸就地生成表面活性剂之故，对于不含有机酸的原油，碱的作用相当于无机盐。

c. 大部分聚合物对界面张力的降低贡献不大，但也有特例。

d. 如果地层水的矿化度较低，加入无机盐可降低界面吸附层表面活性剂分子的静电斥力，使界面更紧密，同时能够使表面活性剂的亲油基尽可能多地分布于油相中，降低界面张力。

③ 测量条件。以旋转滴界面张力测定为例，其测量条件包括时间、温度、压力和转速等。

由于表面活性剂在油水界面上的分布较慢，所以随着时间延长，界面张力逐渐降低并达到平衡，平衡时间有时很短，约数十分钟，有时很长，达到数天，一般要求测定时间保持在2h以内，在此期间界面张力不能达到要求的表面活性剂即可排除。界面张力和时间的关系曲线称为动态界面张力曲线，任意一个时刻的界面张力称为动态界面张力。

由于计算公式中界面张力和直径的立方成正比，因此平衡界面张力不受温度的影响。一般温度对平衡界面张力的影响不大，但对动态界面张力影响很大，温度升高，在相同的转速下，油滴直径更小，界面张力降低，到达平衡的时间就短。故实验温度的选择非常重要，一般在油藏温度下进行测量，如果油藏温度＞90℃，受仪器测定条件限制不能在油藏温度下测量，可在原油凝固点和初馏点中间选择，一般的实验温度为30～90℃。

通常高温高压的界面张力仪较少，价格昂贵，这方面的数据不多，一般来说，低压对界面张力影响不大，但高压使得原油黏度上升，油滴难以拉长，界面张力上升。

转速对界面张力的影响较大，主要是影响动态界面张力的数值，计算公式中界面张力和转速的平方成反比，转速过低，油滴不能拉长，测定误差较大；转速过高，到达平衡的时间相对较短，但影响仪器寿命。因此试验必须选择合适的转速，对于黏度较低的水相，转速为3000～5000r/min，以使油滴的长度与直径的比值大于4；对于黏度较高的水相，转速应相应提高，如大庆油田三元复合体，要求转速为6000r/min。

(3) 界面张力的测定方法

界面张力的测定方法主要有挂片法、悬滴法和旋转滴法，其测定范围不同，挂片法常用来测定常规稀油和地层水间的界面张力，测定范围5～30mN/m；悬滴法用来测定低油水界面张力，测定范围0.01～30mN/m；而旋转滴法主要用来测定超低界面张力，测定范围10^{-4}～0.1mN/m。后两种方法的仪器辅以高温高压装置，可以测定油藏条件下的界面张力。

2.2.2　表面活性剂的临界胶束浓度

2.2.2.1　概念

当表面活性剂浓度足够低时，表面活性剂以单个分子的形式分散在水溶液中，由于其双亲性质而引起疏水效应，部分分子定向吸附在液体表面降低表面自由能，随着黏度的增加，分散的单个分子黏度增加，表面吸附趋于饱和，表面自由能降至最低值，溶液中分散的单个分子开始自聚，形成亲油基向内、亲水基向外的聚集体，即所谓的胶束（micelle），开始形成胶束时表面活性剂的最低浓度称为表面活性剂的临界胶束浓度（cmc）。在达到cmc的狭窄范围时，表面活性剂的许多物理化学性质都会发生变化，如表面张力、界面张力、密度、折射率、黏度、渗透压和光散射强度等（图2-2）。

2.2.2.2　临界胶束浓度的测定

临界胶束浓度的主要测定方法包括表面张力法、电导法、染料法、光散射法等，通常采用两种或两种以上方法进行对比测量，以增加测量准确性，同时样品应先进行提纯。

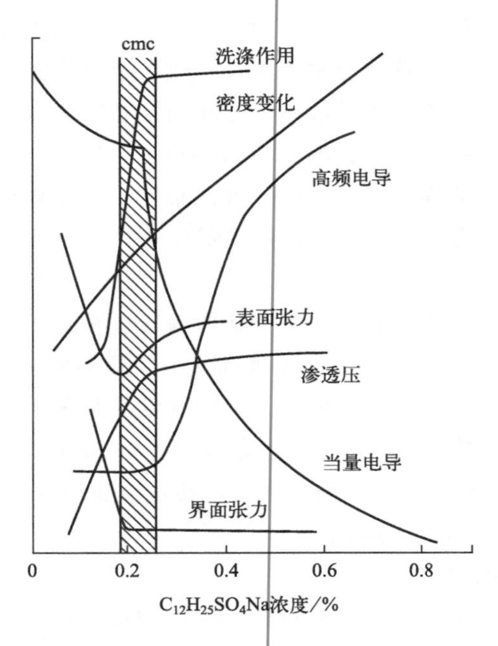

图 2-2 十二烷基硫酸钠在形成胶束前后其溶液性质的变化曲线

(1) 表面张力法

测量不同浓度下表面活性剂水溶液的表面张力，以表面活性剂溶液的表面张力 γ 对浓度的对数 $\lg c$ 作图得到 γ-$\lg c$ 曲线，曲线转折点所对应的浓度为临界胶束浓度。该方法不受溶液中含盐度的影响，既适用于离子型表面活性剂，又适用于非离子型表面活性剂。但当表面活性剂样品中含有少量杂质时，不易获得准确的 cmc 值。

(2) 电导法

测量不同浓度下表面活性剂水溶液的电导率，获得电导率-浓度曲线，该曲线会出现两个不同斜率段，两条直线的交叉点对应的表面活性剂浓度即为 cmc。该法只适用于离子型表面活性剂，不适用于非离子型表面活性剂。样品中无机盐的含量严重影响测定结果，同时溶解水应采用三级水。

(3) 染料法

利用胶束可对某些染料增溶的原理。一些染料在水中和胶束中的显色完全不同，配制浓度高于临界胶束浓度的表面活性剂溶液，并向其中加入很少量的染料，呈现出增溶于胶束的颜色。然后用水稀释此溶液直至溶液颜色发生显著的变化，用光谱仪进行比色，此时表面活性剂的浓度为临界胶束浓度。一般要求染料离子与表面活性剂离子的电荷相反，对于阴离子表面活性剂常用的染料为频哪氰醇氯化物和碱性蕊香红；非离子表面活性剂可以用频哪氰醇氯化物、苯并红紫4B和四碘荧光素；对于阳离子表面活性剂则常用曙红、荧光黄等。染料的加入量很少，对cmc较大的表面活性剂基本没影响，但可能对cmc很小的表面活性剂有影响。

2.2.2.3 影响临界胶束浓度的因素

(1) 表面活性剂的分子结构

离子型表面活性剂的cmc值大于非离子型，聚氧乙烯型非离子表面活性剂的亲水基增加，cmc值增加。离子型表面活性剂同系物的亲油基碳原子数增加，cmc值明显降低，而亲水基对cmc影响不明显，亲水性增强时，cmc值有所降低。亲水基向碳链中部移动时，cmc值增加。对于同一类型的直链表面活性剂，cmc值的对数值和亲油基碳原子数（或非离子型亲水基的数目）呈线性关系。

(2) 无机盐

溶液中加入无机盐，cmc值降低，其cmc值和无机盐浓度在对数坐标上呈线性关系。对于十二烷基酸和环烷基酸的钠盐，无机阴离子对cmc值降低的影响次序为：

$$PO_4^{3-} > B_4O_7^{2-} > OH^- > CO_3^{2-} > HCO_3^- > SO_4^{2-} > Cl^-$$

同时，cmc值也反映了反离子在胶束表面的结合程度，当反离子结合程度增加时，cmc值降低，随着反离子的极化程度和离子价数的增加，水化半径减小，其结合程度增加。对于十二烷基磺酸钠，不同反离子对应cmc值大小次序为：

$$Li^+ > Na^+ > K^+ > Cs^+ > Ca^{2+}(Mg^{2+})$$

(3) 极性有机物

脂肪醇的加入影响表面活性剂的cmc值。在低浓度醇的情况下，醇浓度的增加使得cmc值减小，醇的碳链越长，则降低幅度越大，主要是由于醇参与了胶束的形成，降低了表面活性剂分子间的斥力。当醇的浓度超过一定程度，会出现相反的结果，主要由于醇破坏表面活性剂碳链周围的“冰山结构”，表面活性剂的溶解性增加，不利于形成胶束，故cmc值增加。

表2-1汇集了一些表面活性剂的cmc值，供参考。

2.2.3 表面活性剂的效能和效率

2.2.3.1 表面活性剂降低表（界）面张力的效能

表面活性剂加入水后能使水的表面张力（或油水界面张力）降低，所达到的最大限度称为表面活性剂降低表（界）面张力的效能（effectiveness），它是

表 2-1 一些表面活性剂的 cmc 值

结构式	温度/℃	cmc/(mol/L)	结构式	温度/℃	cmc/(mol/L)	结构式	温度/℃	cmc/(mol/L)
$C_{10}H_{21}SO_4Na$	40	3.3×10^{-2}	p-$C_{10}H_{21}C_6H_4SO_3Na$	50	3.1×10^{-3}	$C_{12}H_{25}(OC_2H_4)_5OH$	25	6.4×10^{-5}
$C_{11}H_{23}SO_4Na$	21	1.6×10^{-2}	p-$C_{12}H_{25}C_6H_4SO_3Na$	60	1.2×10^{-3}	$C_{12}H_{25}(OC_2H_4)_6OH$	20	8.7×10^{-5}
$C_{12}H_{25}SO_4Na$	25	8.2×10^{-3}	$C_{10}H_{21}N^+(CH_3)_3Br^-$	25	6.8×10^{-2}	$C_{12}H_{25}(OC_2H_4)_7OH$	25	8.2×10^{-5}
$C_{13}H_{27}SO_4Na$	40	4.3×10^{-3}	$C_{12}H_{25}N^+(CH_3)_3Br^-$	25	1.6×10^{-2}	$C_{12}H_{25}(OC_2H_4)_8OH$	25	1.1×10^{-4}
$C_{14}H_{29}SO_4Na$	25	2.1×10^{-3}	$C_{14}H_{29}N^+(CH_3)_3Br^-$	40	4.2×10^{-3}	$C_{12}H_{25}(OC_2H_4)_9OH$	23	1.0×10^{-4}
$C_{15}H_{31}SO_4Na$	40	1.2×10^{-3}	$C_{16}H_{33}N^+(CH_3)_3Br^-$	25	9.8×10^{-4}	$C_{12}H_{25}(OC_2H_4)_{12}OH$	23	1.4×10^{-4}
$C_{16}H_{33}SO_4Na$	40	5.8×10^{-4}	$C_{18}H_{37}N^+(CH_3)_3Br^-$	40	3.4×10^{-4}	$C_{14}H_{29}(OC_2H_4)_6OH$	25	1.0×10^{-5}
$C_{13}H_{27}CH(CH_3)CH_2SO_4Na$	40	8.0×10^{-4}	$(C_{10}H_{21})_2N^+(CH_3)_2Cl^-$	25	1.9×10^{-3}	$C_{14}H_{29}(OC_2H_4)_8OH$	25	9.0×10^{-6}
$C_{12}H_{25}CH(C_2H_5)CH_2SO_4Na$	40	9.0×10^{-4}	$C_{10}H_{21}N^+(CH_3)_2CH_2COO^-$	23	1.8×10^{-2}	$C_{16}H_{33}(OC_2H_4)_6OH$	25	1.7×10^{-6}
$C_{11}H_{23}CH(C_3H_7)CH_2SO_4Na$	40	1.1×10^{-3}	$C_{12}H_{25}N^+(CH_3)_2CH_2COO^-$	25	2.0×10^{-3}	$C_{16}H_{33}(OC_2H_4)_7OH$	25	1.7×10^{-6}
$C_{10}H_{21}CH(C_4H_9)CH_2SO_4Na$	40	1.5×10^{-3}	$C_{14}H_{29}N^+(CH_3)_2CH_2COO^-$	25	2.2×10^{-4}	$C_{16}H_{33}(OC_2H_4)_9OH$	25	2.1×10^{-6}
$C_9H_{19}CH(C_5H_{11})CH_2SO_4Na$	40	2.0×10^{-3}	$C_{16}H_{33}N^+(CH_3)_2CH_2COO^-$	23	2.0×10^{-5}	$C_{16}H_{33}(OC_2H_4)_{12}OH$	25	2.3×10^{-6}
$C_8H_{17}CH(C_6H_{13})CH_2SO_4Na$	40	2.3×10^{-3}	$C_{12}H_{25}N^+(CH_3)_2(CH_2)_3SO_3^-$	25	3.0×10^{-3}	$C_{16}H_{33}(OC_2H_4)_{15}OH$	25	3.1×10^{-6}
$C_7H_{15}CH(C_7H_{15})CH_2SO_4Na$	40	3.0×10^{-3}	$C_{14}H_{29}N^+(CH_3)_2(CH_2)_3SO_3^-$	25	3.2×10^{-4}	$C_{16}H_{33}(OC_2H_4)_{21}OH$	25	3.9×10^{-6}
$C_{12}H_{25}CH(SO_4Na)C_3H_7$	40	1.7×10^{-3}	$C_8H_{17}OC_2H_4OH$	25	4.9×10^{-3}	p-$C_8H_{17}C_6H_4(C_2H_4O)_2H$	25	1.3×10^{-4}
$C_{10}H_{21}CH(SO_4Na)C_5H_{11}$	40	2.4×10^{-3}	$C_8H_{17}(OC_2H_4)_3OH$	25	7.5×10^{-3}	p-$C_8H_{17}C_6H_4(C_2H_4O)_3H$	25	9.7×10^{-5}
$C_8H_{17}CH(SO_4Na)C_7H_{15}$	40	4.3×10^{-3}	$C_8H_{17}(OC_2H_4)_5OH$	25	9.2×10^{-3}	p-$C_8H_{17}C_6H_4(C_2H_4O)_4H$	25	1.3×10^{-4}
$C_{12}H_{25}(OC_2H_4)SO_4Na$	25	3.9×10^{-3}	$C_8H_{17}(OC_2H_4)_6OH$	25	9.9×10^{-3}	p-$C_8H_{17}C_6H_4(C_2H_4O)_5H$	25	1.5×10^{-4}
$C_{12}H_{25}(OC_2H_4)_2SO_4Na$	25	2.9×10^{-3}	$C_{10}H_{21}(OC_2H_4)_4OH$	25	6.8×10^{-4}	p-$C_8H_{17}C_6H_4(C_2H_4O)_6H$	25	2.1×10^{-4}
$C_{12}H_{25}(OC_2H_4)_3SO_4Na$	50	2.0×10^{-3}	$C_{10}H_{21}(OC_2H_4)_5OH$	25	7.6×10^{-4}	p-$C_8H_{17}C_6H_4(C_2H_4O)_7H$	25	2.5×10^{-4}
$C_{12}H_{25}(OC_2H_4)_4SO_4Na$	50	1.3×10^{-3}	$C_{10}H_{21}(OC_2H_4)_6OH$	25	9.0×10^{-4}	p-$C_8H_{17}C_6H_4(C_2H_4O)_8H$	25	2.8×10^{-4}
$C_{12}H_{25}(OC_2H_4)_5SO_4Na$	50	2.5×10^{-5}	$C_{10}H_{21}(OC_2H_4)_8OH$	25	1.0×10^{-3}	p-$C_8H_{17}C_6H_4(C_2H_4O)_9H$	25	3.0×10^{-4}
$C_{12}H_{25}CH(SO_3Na)COOCH_3$	13	2.8×10^{-3}	$C_{11}H_{23}(OC_2H_4)_8OH$	25	3.0×10^{-4}	p-$C_8H_{17}C_6H_4(C_2H_4O)_{10}H$	25	3.3×10^{-4}
$C_{14}H_{29}CH(SO_3Na)COOCH_3$	23	7.3×10^{-4}	$C_{12}H_{25}(OC_2H_4)_2OH$	25	3.3×10^{-5}	p-$C_9H_{19}C_6H_4(C_2H_4O)_8H$	25	1.3×10^{-4}
$C_{16}H_{33}CH(SO_3Na)COOCH_3$	33	1.8×10^{-4}	$C_{12}H_{25}(OC_2H_4)_3OH$	25	5.2×10^{-5}	p-$C_9H_{19}C_6H_4(C_2H_4O)_{10}H$	25	7.5×10^{-5}
p-$C_8H_{17}C_6H_4SO_3Na$	35	1.5×10^{-2}	$C_{12}H_{25}(OC_2H_4)_4OH$	25	6.4×10^{-5}	p-$C_9H_{19}C_6H_4(C_2H_4O)_{31}H$	25	1.8×10^{-4}

表面活性剂表面活性的一种量度。实验表明，随着表面活性剂浓度的增加，表面张力不断下降，达到最低时不再随着浓度的增加而增加，该最低值时对应的表面活性剂浓度称为临界胶束浓度，此时表面活性剂在溶液中的自由分子浓度达到最大值，在溶液表面定向吸附量达到饱和，通常以 cmc 值时的表面张力降低值作为表面活性剂降低表（界）面张力的量度。根据 Gibbs 吸附方程，表面张力降低值的表达式如式(2-1) 所示：

$$-\Delta\gamma=20+2.303K\Gamma_m RT\lg(C_{\mathrm{cmc}}/C_{\Pi=20}) \tag{2-1}$$

式中，$-\Delta\gamma$ 为 cmc 时表面张力降低值，mN/m；K 为热力学常数，对于非离子表面活性剂或含盐度过量的溶液中的离子型表面活性剂（1∶1 型），$K=1$，对于溶液无盐时 1∶1 离子型表面活性剂，$K=2$；Γ_m 为表面张力为 m（mN/m）时表面活性剂在溶液表面的 Gibbs 饱和吸附量，mol/cm^2，如表面张力为 20mN/m 时 Γ_m 记作 Γ_{20}；R 为摩尔气体常数，8.3143J/(mol·K)，下文同；T 为热力学温度，K，下文同；$C_{\mathrm{cmc}}/C_{\Pi=20}$ 为 cmc 时表面活性剂浓度与表面张力 $\Pi=20$mN/m 时（即表面接近饱和吸附时）的表面活性剂浓度之比。

可见，表面活性剂降低表（界）面张力的能力可以由对应的 $C_{\mathrm{cmc}}/C_{\Pi=20}$ 比值来表示。根据试验得到表面活性剂表面张力和浓度的数据后，将其处理成 γ-lg$C$ 曲线，可以计算出 Γ_m、Γ_{20}、$C_{\mathrm{cmc}}/C_{\Pi=20}$ 等参数值。表 2-2 列举了一些表面活性剂水溶液中的 Π_{cmc}、$C_{\mathrm{cmc}}/C_{\Pi=20}$ 值，结果表明，这些参数受表面活性剂的结构、含盐量和测试环境的影响。

① 一般离子型表面活性剂降低表面张力的能力差别不大，其 $C_{\mathrm{cmc}}/C_{\Pi=20}<10$，而降低界面张力（如庚烷/水）的能力差别较大，此比值较大；

② 表面活性剂亲油基引入支链，或者碳氟链取代碳氢链，则 $C_{\mathrm{cmc}}/C_{\Pi=20}$ 增大；

③ 非离子型表面活性剂在亲油基链长不变时，随着聚氧乙烯基增加，$C_{\mathrm{cmc}}/C_{\Pi=20}$ 减小；

④ 表面活性剂溶液中加入无机盐，则 $C_{\mathrm{cmc}}/C_{\Pi=20}$ 增大；

⑤ 温度对 $C_{\mathrm{cmc}}/C_{\Pi=20}$ 影响不大。

2.2.3.2　表面活性剂降低表（界）面张力的效率

表面活性剂加入水中，使表面张力（或油水界面张力）降至一定数值时，所需表面活性剂的浓度，可以衡量表面活性剂降低表（界）面张力的效率(efficiency)，是表面活性剂表面活性的另一量度。根据 Gibbs 吸附定律，表面张力的降低表示溶液表面发生了正吸附。通常情况下，表面张力降低 20mN/m 时，表面活性剂的表面吸附达到最大值，此时表面活性剂的浓度视为表（界）

表 2-2　一些表面活性剂降低表（界）面张力的效能和效率数据

表面活性剂	界面	温度/℃	pC_{20}①	$C_{cmc}/C_{\Pi=20}$	Π_{cmc}/(mN/m)	表面活性剂	界面	温度/℃	pC_{20}①	$C_{cmc}/C_{\Pi=20}$	Π_{cmc}/(mN/m)
$C_{10}H_{21}SO_4Na$	H_2O-空气	27	1.89	2.56	32.0	$C_8H_{17}OCHOHCH_2OH$	H_2O-空气	25	3.63	9.6	48.6
$C_{12}H_{25}SO_4Na$	H_2O-空气	25	2.51	2.6	32.5	$C_8H_{17}OCHOH(CH_2)_2OH$	H_2O-空气	25	3.59	8.9	48.4
$C_{12}H_{25}SO_4Na$	0.1mol/L NaCl-空气	25	3.67	6.0	38.0	$C_{12}H_{25}OCHOH(CH_2)_2OH$	H_2O-空气	25	5.77	7.7	45.5
$C_{14}H_{29}SO_4Na$	H_2O-空气	25	3.11	2.6	37.2	$C_8H_{17}(OC_2H_4)_6OH$	H_2O-空气	25	3.14	17.0	42.0
$C_{16}H_{33}SO_4Na$	H_2O-空气	25	3.70	2.5	35.0	$C_{10}H_{21}(OC_2H_4)_4OH$	H_2O-空气	25	4.20	16.7	36.4
$C_{10}H_{21}OC_2H_4SO_3Na$	H_2O-空气	25	2.10	2.0	30.5	$C_{10}H_{21}(OC_2H_4)_6OH$	H_2O-空气	23.5	4.27	13.7	43.4
$C_{10}H_{21}OC_2H_4SO_3Na$	0.1mol/L NaCl-空气	25	2.95	4.5	34.7	$C_{10}H_{21}(OC_2H_4)_6OH$	6.6mmol/L 硬水	25	4.27	16.2	39.4
$C_{12}H_{25}OC_2H_4SO_4Na$	H_2O-空气	25	2.75	2.6	32.6	$C_{12}H_{25}(OC_2H_4)_3OH$	H_2O-空气	25	5.34	11.4	44.1
$C_{12}H_{25}OC_2H_4SO_4Na$	0.1mol/L NaCl-空气	25	4.07	7.3	38.6	$C_{12}H_{25}(OC_2H_4)_5OH$	H_2O-空气	25	5.37	15.0	41.5
$C_{12}H_{25}(OC_2H_4)_2SO_4Na$	H_2O-空气	25	2.92	2.5	30.5	$C_{12}H_{25}(OC_2H_4)_7OH$	H_2O-空气	25	5.28	14.9	38.3
$C_{12}H_{25}(OC_2H_4)_2SO_4Na$	H_2O-空气	40	2.86	2.0	28.5	$C_{12}H_{25}(OC_2H_4)_8OH$	H_2O-空气	25	5.20	17.5	37.4
p-$C_8H_{17}C_6H_4SO_3Na$	H_2O-空气	70	1.96	1.36	24.7	$C_{14}H_{29}(OC_2H_4)_8OH$	H_2O-空气	25	6.02	8.4	38.0
p-$C_{10}H_{21}C_6H_4SO_3Na$	H_2O-空气	70	2.53	1.33	25.4	$C_{15}H_{31}(OC_2H_4)_8OH$	H_2O-空气	25	6.31	7.1	37.4
p-$C_{12}H_{25}C_6H_4SO_3Na$	H_2O-空气	70	3.10	1.33	25.8	$C_{16}H_{33}(OC_2H_4)_7OH$	H_2O-空气	25	6.80	6.3	40.0
p-$C_{12}H_{25}C_6H_4SO_3Na$	0.1mol/L NaCl-空气	60	4.90	11.6	41.9	p-$C_8H_{17}C_6H_4(OC_2H_4)_7OH$	H_2O-空气	25	4.93	22.9	42.0
p-$C_{14}H_{29}C_6H_4SO_3Na$	H_2O-空气	70	3.64	1.53	26.5	p-$C_8H_{17}C_6H_4(OC_2H_4)_8OH$	H_2O-空气	25	4.89	21.4	40.0
$C_{10}H_{21}N^+(CH_3)_3Br^-$	0.1mol/L NaCl-空气	25	1.80	2.7	30.4	p-$C_8H_{17}C_6H_4(OC_2H_4)_9OH$	H_2O-空气	25	4.80	18.6	38.5
$C_{12}H_{25}N^+(CH_3)_3Br^-$	0.1mol/L NaCl-空气	25	2.71	2.95	31.5	p-$C_8H_{17}C_6H_4(OC_2H_4)_{10}OH$	H_2O-空气	25	4.72	17.4	37.0
$C_{14}H_{29}N^+(CH_3)_3Br^-$	H_2O-空气	30	1.85	2.1	31.0	$C_{10}H_{21}N^+(CH_3)_2CH_2COO^-$	H_2O-空气	23	2.59	7.0	36.7
$C_{14}H_{29}N^+(CH_3)_3Br^-$	0.1mol/L NaCl-空气	25	3.80	6.5	34.6	$C_{14}H_{29}N^+(CH_3)_2CH_2COO^-$	H_2O-空气	23	4.62	7.5	37.5
$C_{16}H_{33}N^+(CH_3)_3Br^-$	0.1mol/L NaCl-空气	25	5.00	10.0	38.0	$C_{16}H_{33}N^+(CH_3)_2CH_2COO^-$	H_2O-空气	23	5.54	6.9	39.7

① 直链表面活性剂同系物的表（界）面张力降低效率，以表面张力降低 20mN/m 所需表面活性剂摩尔浓度的负对数值来表示。

面张力的效率的度量值。所需浓度越低，则效率越高。根据分子跃迁热力学定律，直链表面活性剂同系物（亲水基相同）降低表（界）面张力的效率可由式(2-2)来表示。

$$pC_{20}=n[-\Delta G(—CH_2—)/RT]+K_s \tag{2-2}$$

式中，pC_{20}为直链表面活性剂同系物的表（界）面张力降低效率，以表面张力降低20mN/m所需表面活性剂摩尔浓度的负对数值来表示；$\Delta G(—CH_2—)$为表面活性剂分子自溶液中跃至表面时直链亲油基的一个亚甲基（$—CH_2—$）跃迁自由能的变化；n为表面活性剂碳链的亚甲基数；K_s为表面活性剂分子亲水基跃升至表面的自由能增加值，一般为负值，其值越大则表示亲水基越难跃升至表面。

可见，表面活性剂降低表面张力的效率与亲油基团的碳原子数有关，表2-3列举了一些表面活性剂的$\Delta G(—CH_2—)$和K_s值，表2-2列出了一些表面活性剂的Π_{cmc}和pC_{20}，影响表面活性剂效率的主要因素有：

① 表面活性剂的效率随亲油基碳原子数的增加而增加，一个苯环相当于3.5个$—CH_2—$，当存在支链或双键时，其效率降低，大约相当于同碳原子数直链的2/3，若亲水基不在亲油基端点位置，相当于亲油基支链存在；

② 季铵盐及叔胺类表面活性剂分子中连接在氮原子上的短链烷基（碳原子数小于4，包括吡啶基）的碳原子数影响不大，表面活性剂的效率完全取决于长链碳原子数；

③ 具有相同亲油基的聚氧乙烯类非离子表面活性剂的效率只与环氧乙烷的加成数有关，且随着环氧乙烷的加成数增加，效率降低；

④ 在水溶液中加入果糖、木糖等，则非离子表面活性剂的效率增加，但加入尿素、N-甲基乙酰胺等，则使效率降低。

表2-3　一些表面活性剂系列的$\Delta G(—CH_2—)$和K_s值

表面活性剂	温度/℃	$\Delta G(—CH_2—)$	K_s
RSO_4Na或RSO_3Na	25	$-0.70RT$	−1.12
RSO_4Na或RSO_3Na	60	$-0.67RT$	−1.26
$RC_6H_4SO_3Na$	70	$-0.65RT$	−1.27
RC_5H_5NBr	30	$-0.68RT$	−1.27
RSO_4Na(庚烷/水)	50	$-0.66RT$	−0.74
$RN^+(CH_3)_3Cl^-$(0.1mol/L NaCl)	25	$-0.76RT$	−0.295
$R(OC_2H_4)_6OH$	25	$-0.99RT$	−0.08

需要说明的是，表面活性剂降低表（界）面张力的效能和降低表（界）面张力的效率不一定是平行的，效率高的表面活性剂，其效能不一定是强的。在筛选驱油用表面活性剂时，表面活性剂降低表（界）面张力的效能和效率都作为参考参数。

2.2.4 表面活性剂在界面上的吸附

2.2.4.1 胶束的热力学参数计算

对于1∶1型离子表面活性剂，按照式(2-3)～式(2-7) 计算胶束的标准自由能变、胶束化焓变和胶束化熵变：

$$\Delta G_{m}^{0}=RT(1+K_{0})\ln\text{cmc} \tag{2-3}$$

$$\Delta H_{m}^{0}=R(1+K_{0})\frac{\mathrm{d}\ln\text{cmc}}{\mathrm{d}T} \tag{2-4}$$

对 cmc 按照以下多项式拟合，可以计算出胶束化焓：

$$\ln\text{cmc}=a+bT+cT^{2}+dT^{3} \tag{2-5}$$

$$\Delta H_{m}^{0}=-RT^{2}(1+K_{0})(b+2cT+3dT^{2}) \tag{2-6}$$

$$\Delta S_{m}^{0}=\frac{1}{T}(\Delta H_{m}^{0}-\Delta G_{m}^{0}) \tag{2-7}$$

式中，ΔG_{m}^{0}、ΔH_{m}^{0} 分别为标准自由能变和胶束化焓变，kJ/mol；ΔS_{m}^{0} 为熵变，J/(mol·K)；T 为热力学温度，K；K_0 为表面活性剂的反离子结合度，即每个表面活性剂分子所结合反离子的个数，可由表面张力-浓度（C，mol/L）曲线（γ-lg$C$）在 cmc 之上和之下的两条直线的斜率 S_2 和 S_1 来计算[式(2-8)]：

$$K_{0}=1-S_{2}/S_{1} \tag{2-8}$$

对于表面活性剂月桂酰胺单乙醇胺羧酸盐，配制不同浓度的系列溶液，在不同温度下测定其表面张力，绘制 γ-lg$C$ 曲线，确定直线段的斜率，计算 cmc 和反离子结合度。结果如表 2-4 所示。

表 2-4 $C_{11}H_{23}CONH(CH_2)_2CH_2COONa$ 在不同温度下的 γ-lg$C$ 数据分析

T/K	S_1	S_2	K_0	cmc/(mmol/L)	dγ/dlg$C$
293	−4908.5	−3.9997	0.9992	1.485	−10.8283
298	−8376.2	−24.914	0.9970	1.596	−10.0707
303	−11409	97.9235	1.0086	1.699	−13.3591
308	−4525.2	67.1437	1.0148	1.841	−15.3348
313	−6145.6	116.929	1.0190	1.940	−16.4922

将不同温度下的cmc和温度进行线性回归，得到以下关系式［式(2-9)，$r=0.9984$］：

$$\ln \mathrm{cmc}=323.7108-3.31609T+0.01105T^2-1.22\times10^{-5}T^3 \tag{2-9}$$

据此计算胶束热力学参数、表面活性剂的吸附量和分子平均占有表面积，结果如表2-5所示。

表2-5 胶束热力学参数计算结果

T/K	ΔG_m^0/(kJ/mol)	ΔH_m^0/(kJ/mol)	ΔS_m^0/[J/(mol·K)]	$-T\Delta S_m^0$/(kJ/mol)
293	−31.72	−24.5	24.8	−7.26
298	−31.96	−28.8	10.6	−3.15
303	−32.70	−30.7	5.30	−1.61
308	−32.49	−29.7	9.07	−2.79
313	−32.81	−25.6	23.2	−7.25

从上表可以看出，表面活性剂形成胶束是放热反应（$\Delta H_m^0<0$），熵变$\Delta S_m^0>0$，自由能变$\Delta G_m^0<0$，说明胶束的形成是自发进行的。

2.2.4.2 Gibbs吸附量的计算

由于表面活性剂分子的疏水效应，溶液中的表面活性剂分子会自发地在溶液表面（或液-液界面）定向排列吸附，形成表面活性剂吸附层，这种现象称为溶质分子的表面过剩，通常用Gibbs方程描述，对于非离子型表面活性剂和在无机盐存在下的离子型表面活性剂，方程见式(2-10)；在没有无机盐存在下，离子型表面活性剂的Gibbs方程见式(2-11)。

$$\frac{-\mathrm{d}\gamma}{RT}=\sum\Gamma_i \mathrm{dln}C_i \tag{2-10}$$

$$\frac{-\mathrm{d}\gamma}{2RT}=\sum\Gamma_i \mathrm{dln}C_i \tag{2-11}$$

式中，$\mathrm{d}\gamma$为表面张力的降低，mN/m；Γ为表面活性剂的吸附量，mol/cm^2；C为表面活性剂的浓度，mol/L。

根据实验数据的处理方法，用以下方法计算表面活性剂在溶液表面的最大吸附量。

(1) $\mathrm{d}\gamma/\mathrm{dlg}C$曲线法

绘制界面张力-浓度（γ-lg$C$）曲线，按照公式(2-12)（离子型1∶1，无盐）和式(2-13)（非离子、离子型含盐体系）计算在cmc附近的最大吸附量，用公式(2-14)计算每个表面活性剂分子平均占有表面积：

$$\Gamma_m = \frac{-1}{2 \times 2.303RT} \times \frac{d\gamma}{d\lg C} \tag{2-12}$$

$$\Gamma_m = \frac{-1}{2.303RT} \times \frac{d\gamma}{d\lg C} \tag{2-13}$$

$$A = \frac{10^{14}}{\Gamma N_0} \tag{2-14}$$

式中，A 为每个表面活性剂分子平均占有的横截面积，nm^2；Γ_m 为表面活性剂在气-液表面的最大吸附量，10^{-10} mol/cm²；N_0 为 Avogadro 常数，$6.022 \times 10^{23} mol^{-1}$。

（2）吸附等温线法

在测定表面活性剂的表面张力-浓度曲线（γ-lg$C$）的基础上，由 Gibbs 方程计算出表面吸附量 Γ，从而得到表面活性剂的吸附等温线。实验表明，表面活性剂的吸附等温线符合 Langmuir 型吸附规律，如式(2-15) 所示：

$$\frac{C}{\Gamma} = \frac{1}{\kappa \Gamma_m} + \frac{C}{\Gamma_m} \tag{2-15}$$

式中，C 为表面活性剂的吸附平衡浓度，mol/L；κ 为吸附平衡常数。

根据上式，将实验结果按照 C/Γ 对 C 进行线性回归，直线斜率的倒数为饱和吸附量 Γ_m，按照式(2-14) 计算达到饱和吸附量 Γ_m 时平均每个分子占据的横截面积 A。

同样，利用式(2-16) 可以计算出饱和吸附层的厚度 δ：

$$\delta = \frac{\Gamma_m M}{10\rho} \tag{2-16}$$

式中，δ 为吸附层的厚度，nm；M 为表面活性剂的摩尔质量，g/mol；ρ 为溶液的密度，g/cm³。

对于直链表面活性剂同系物，链长增加时，吸附层厚度随之增加，每增加 1 个—CH_2—，厚度增加 0.13～0.15nm。表 2-6 为一些表面活性剂的饱和吸附量、截面积和吸附层厚度计算结果，可以看出，表面活性剂在表面占据的截面积为 0.41～1.11nm²，吸附层的厚度为 59.2～242.3nm，表面活性剂结构不同，含盐度不同，其数值变化范围较大。

2.2.4.3 影响表面活性剂在界面上吸附的主要因素

（1）表面活性剂亲水基

亲水基越小，则截面积越小，饱和吸附量越大。由于离子型表面活性剂之间的静电排斥作用，吸附层疏松，因此其饱和吸附量低于非离子表面活性剂。

表 2-6 一些表面活性剂的界面饱和吸附量（Γ_m）、截面积（A）和吸附层厚度（δ）计算结果

表面活性剂	界面	T /℃	$\Gamma_m \times 10^{10}$ /(mol/cm²)	A /nm²	δ /nm	表面活性剂	界面	T /℃	$\Gamma_m \times 10^{10}$ /(mol/cm²)	A /nm²	δ /nm
$C_{10}H_{21}SO_4Na$	H_2O-空气	27	2.90	0.57	75.5	$C_8H_{17}(OC_2H_4)_6OH$	H_2O-空气	25	1.50	1.11	59.2
$C_{12}H_{25}SO_4Na$	H_2O-空气	25	3.16	0.53	91.1	$C_{10}H_{21}(OC_2H_4)_4OH$	H_2O-空气	25	4.07	0.41	136.1
$C_{12}H_{25}SO_4Na$	0.1mol/L NaCl-空气	25	4.03	0.41	116.2	$C_{10}H_{21}(OC_2H_4)_5OH$	H_2O-空气	25	3.11	0.53	117.7
$C_{14}H_{29}SO_4Na$	H_2O-空气	25	3.00	0.56	94.9	$C_{10}H_{21}(OC_2H_4)_6OH$	H_2O-空气	23.5	3.00	0.55	126.8
$C_{10}H_{21}OC_2H_4SO_3Na$	H_2O-空气	25	3.22	0.52	92.9	$C_{10}H_{21}(OC_2H_4)_8OH$	H_2O-空气	25	2.38	0.70	121.5
$C_{10}H_{21}OC_2H_4SO_3Na$	0.1mol/L NaCl-空气	25	3.85	0.43	111.0	$C_{12}H_{25}(OC_2H_4)_3OH$	H_2O-空气	25	3.98	0.42	126.8
$C_{12}H_{25}OC_2H_4SO_3Na$	H_2O-空气	25	2.92	0.57	92.4	$C_{12}H_{25}(OC_2H_4)_4OH$	H_2O-空气	25	3.63	0.46	131.6
$C_{12}H_{25}OC_2H_4SO_4Na$	0.1mol/L NaCl-空气	25	3.81	0.44	126.7	$C_{12}H_{25}(OC_2H_4)_5OH$	H_2O-空气	25	3.31	0.50	134.6
$C_{12}H_{25}(OC_2H_4)_2SO_4Na$	H_2O-空气	25	2.62	0.63	98.6	$C_{12}H_{25}(OC_2H_4)_6OH$	H_2O-空气	25	3.21	0.52	144.7
$C_{12}H_{25}(OC_2H_4)_2SO_4Na$	H_2O-空气	40	2.50	0.66	94.1	$C_{12}H_{25}(OC_2H_4)_7OH$	H_2O-空气	25	2.90	0.57	143.5
$C_{12}H_{25}(OC_2H_4)_2SO_4Na$	0.1mol/L NaCl-空气	25	3.46	0.48	130.3	$C_{12}H_{25}(OC_2H_4)_8OH$	H_2O-空气	25	2.52	0.66	135.8
$C_{12}H_{25}(OC_2H_4)_2SO_4Na$	0.1mol/L NaCl-空气	40	3.30	0.50	124.2	$C_{14}H_{29}(OC_2H_4)_8OH$	H_2O-空气	25	3.43	0.48	194.4
p-$C_8H_{17}C_6H_4SO_3Na$	H_2O-空气	25	3.00	0.55	87.7	$C_{16}H_{33}(OC_2H_4)_7OH$	H_2O-空气	25	4.40	0.38	242.3
p-$C_8H_{17}C_6H_4SO_3Na$	H_2O-空气	70	3.40	0.49	99.4	p-$C_8H_{17}C_6H_4(OC_2H_4)_3OH$	H_2O-空气	25	3.70	0.45	125.2
p-$C_{10}H_{21}C_6H_4SO_3Na$	H_2O-空气	70	3.90	0.43	125.0	p-$C_8H_{17}C_6H_4(OC_2H_4)_4OH$	H_2O-空气	25	3.35	0.50	128.1
p-$C_{10}H_{21}C_6H_4SO_3Na$	H_2O-空气	75	2.10	0.78	67.3	p-$C_8H_{17}C_6H_4(OC_2H_4)_5OH$	H_2O-空气	25	3.10	0.53	132.2
p-$C_{12}H_{25}C_6H_4SO_3Na$	H_2O-空气	70	3.70	0.45	128.9	p-$C_8H_{17}C_6H_4(OC_2H_4)_6OH$	H_2O-空气	25	3.00	0.56	141.2
p-$C_{12}H_{25}C_6H_4SO_3Na$	0.1mol/L NaCl-空气	60	2.80	0.59	97.6	p-$C_8H_{17}C_6H_4(OC_2H_4)_7OH$	H_2O-空气	25	2.90	0.58	149.3
p-$C_{14}H_{29}C_6H_4SO_3Na$	H_2O-空气	70	2.70	0.61	101.7	p-$C_8H_{17}C_6H_4(OC_2H_4)_8OH$	H_2O-空气	25	2.60	0.64	145.3
$C_{10}H_{21}N^+(CH_3)_3Br^-$	0.1mol/L NaCl-空气	25	3.39	0.49	95.0	p-$C_8H_{17}C_6H_4(OC_2H_4)_9OH$	H_2O-空气	25	2.50	0.66	150.7
$C_{12}H_{25}N^+(CH_3)_3Br^-$	0.1mol/L NaCl-空气	25	4.39	0.38	135.4	p-$C_8H_{17}C_6H_4(OC_2H_4)_{10}OH$	H_2O-空气	25	2.20	0.75	142.3
$C_{14}H_{29}N^+(CH_3)_3Br^-$	H_2O-空气	30	2.70	0.61	90.8	$C_{10}H_{21}N^+(CH_3)_2CH_2COO^-$	H_2O-空气	23	4.15	0.40	101.0
$C_{14}H_{29}N^+(CH_3)_3Br^-$	0.1mol/L NaCl-空气	25	2.30	0.59	83.8	$C_{12}H_{25}N^+(CH_3)_2CH_2COO^-$	H_2O-空气	25	3.20	0.52	86.9
$C_{16}H_{33}N^+(CH_3)_3Br^-$	0.1mol/L NaCl-空气	25	3.60	0.46	141.3	$C_{14}H_{29}N^+(CH_3)_2CH_2COO^-$	H_2O-空气	23	3.53	0.47	105.7
$C_{18}H_{37}N^+(CH_3)_3Br^-$	H_2O-空气	30	1.80	0.91	75.7	$C_{16}H_{33}N^+(CH_3)_2CH_2COO^-$	H_2O-空气	23	4.13	0.40	135.3
$C_8H_{17}OC_2H_4OH$	H_2O-空气	25	5.20	0.32	90.6	$C_{12}H_{25}N^+(CH_3)_2(CH_2)_3COO^-$	H_2O-空气	25	2.50	0.67	71.9

(2) 表面活性剂亲油基

和亲水基的影响相似，亲油基越小，截面积越小，饱和吸附量越小。带支链亲油基的表面活性剂的饱和吸附量低于同类型直链型表面活性剂。

(3) 同系物

同系物表面活性剂的饱和吸附量差别不大，一般是随着烷基碳链长度的增加，饱和吸附量增加，但烷基链过长会出现相反的结果。

(4) 温度

温度增加饱和吸附量降低，但对于非离子表面活性剂，在低浓度时随温度的增加，饱和吸附量增加。

(5) 无机盐

对于离子型表面活性剂，随着含盐度的增加饱和吸附量明显增加，这是由于有更多的反离子进入吸附层，降低了吸附分子间的静电斥力，使得排列更加紧密，同时含盐度的增加使得表面活性剂的疏水性增加，加剧了向界面逃逸的趋势。但非离子表面活性剂不受加入的电解质的影响。

2.2.4.4 表面活性剂在吸附层的结构判断

利用 Gibbs 公式和表面张力测定结果，可计算出溶液的表面吸附量，同时可求出饱和吸附时分子所占面积，将此面积与从分子结构计算出来的尺寸进行比较，即可了解表面吸附物质在吸附层中的排列情况、紧密程度和定向情形，进而推测表面吸附层的结构。

(1) 离子型表面活性剂的同系物

离子型表面活性剂在最大吸附时的单分子的截面积基本相同，如直链烷基磺酸钠，当烷基碳原子数为 10～16 时，分子截面积约为 $0.5nm^2$，说明分子是直立的。

(2) 直链脂肪酸、醇、胺类

不管分子链有多长，计算的饱和吸附量是相同的，说明每个分子的截面积是相同的（三者分别为 $0.302\sim0.310nm^2$、$0.271\sim0.289nm^2$ 和 $0.27nm^2$），也说明分子在表面是定向排列，而且是直立的。

(3) 聚氧乙烯类非离子表面活性剂

在溶液表面的吸附有所不同，在亲油基相同的条件下，饱和时的分子截面积（A）随氧乙基数增大而增大。这可能是由于非离子表面活性剂中的聚氧乙烯链在 n 大时呈卷曲构型，即在表面定向排列时，并非全部伸直，n 越大，卷曲构型成分越多，A 越大。

同样，对于液-液界面，也可以按照类似的方法研究表面活性剂在油水两相界面上的分布，由于油相和表面活性剂亲油基的作用力较强，可插入疏水链中间，使单分子截面积增大。如辛基磺酸钠和辛基三甲基氯化铵，在气-液界面上达到饱和吸附时分子截面积为 0.50nm^2 和 0.56nm^2，但在庚烷-水界面上的截面积则增加至 0.64nm^2 和 0.69nm^2。

根据界面压（Π）和吸附分子占有面积数据可知，分子平均占有面积在 0.6～4.0nm^2 的范围内，吸附分子自身占有的面积为 0.24nm^2，且与表面活性剂疏水基的长度无关。此值仅稍大于紧密排列的表面活性剂分子的横截面积，这说明在油-水界面上吸附的表面活性剂疏水链（不是指整个分子）采取伸展的构象，近于直立地存在于界面上。

2.2.4.5　胶束的形状和作用

在水溶液中表面活性剂分子自聚成亲油基向内、亲水基同水接触的单分子层闭合体——胶束（micelle）或囊泡（vesicle），在油相内形成亲水基向内、亲油基同油接触的反胶束，在油-水混合体系形成亲油基向油、亲水基向水的微乳液。根据单分子层的弯曲度，形成球状、椭球状、扁球状、棒状、层状的胶束［图 2-3(a)～(d)］，囊泡有单室、多室和管状等［图 2-3(e)～(f)］。在浓度低于 cmc 范围内，形成一系列小型胶束（二聚体、三聚体）；在浓度稍超过 cmc 时，形成对称的、缔合度不变的球形胶束；在浓度约为 10 倍 cmc 时，形成圆筒状胶束并向六角形胶束变化；当浓度更大时，形成巨大的层状胶束或液晶结构，具有双折射性。胶束的大小由胶束的聚集数度量，其中以非离子表面活性剂的聚集数最大，为数十至数千甚至上万，阴离子或阳离子表面活性剂为数十至一百多，阴-阳离子表面活性剂最小，只有数个。单分子真溶液的分子大小为 1nm，胶束溶液的分散相大小为 2～10nm，取决于表面活性剂分子链长和聚集数；微乳液的分散相可达 10～100nm，乳状液则为 1～10μm。

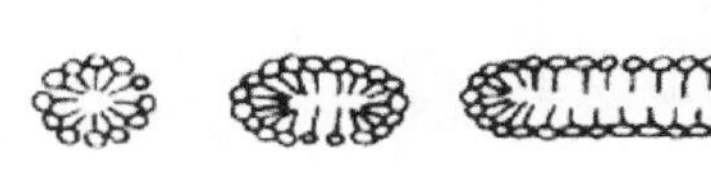

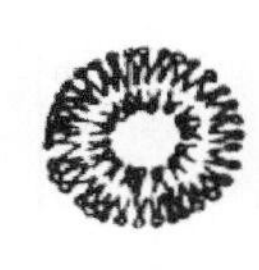

(a) 球形　(b) 扁球　(c) 棒状　(d) 层状　(e) 单室　(f) 多室

图 2-3　常见胶束［(a)、(b)、(c)、(d)］和囊泡［(e)、(f)］的形状示意图

表面活性剂胶束能够大大提高某些难溶或不溶于水的有机物（如原油）的溶解度，称为胶束的增溶作用（micellar solubilization），增溶作用只有在表面活性剂浓度大于 cmc 时才存在。由于原油在极性环境中处于不溶解状态，但进入胶束中的非极性环境中，化学势降低，因此增溶是自发进行的。增溶和溶解不同，溶解是溶质以分子或离子形式分散在溶剂中，而增溶是被溶解物以

"整团"的形式溶入胶束中，不增加体系的界面面积，是一个均相体系。因而增溶作用形成的体系是热力学稳定的，除非胶束破坏，被增溶物不会自发析出。

胶束的增溶按照增溶的位置分为内核增溶、"栅栏"增溶、外壳增溶和表面交界处增溶等 4 种形式，其增溶能力以增溶参数来表示，其值等于增溶原油或水的体积与表面活性剂体积之比。对于化学驱油优选最佳驱油体系时，通常会采用以含盐度为变量进行油-水-表面活性剂体系相态扫描，使得体系对油和水的增溶参数同时最大，此时的界面张力达到或低于超低水平，驱油效果最大，这就是胶束和微乳液驱油的原理。

2.2.5 表面活性剂的溶解性

2.2.5.1 离子型表面活性剂的溶解性能

离子型表面活性剂在水中的溶解度随温度的增加而增加，在达到一定温度时，溶解度急剧增加，该温度称为离子型表面活性剂的临界溶解温度（Krafft point），以 K_p 表示。图 2-4 为玉门石油磺酸盐（YM-3A）的溶解度和温度的相态图，其中实线为溶解度与温度的关系曲线，虚线为临界胶束浓度与温度关系曲线，二者交叉点为 Krafft 点温度。

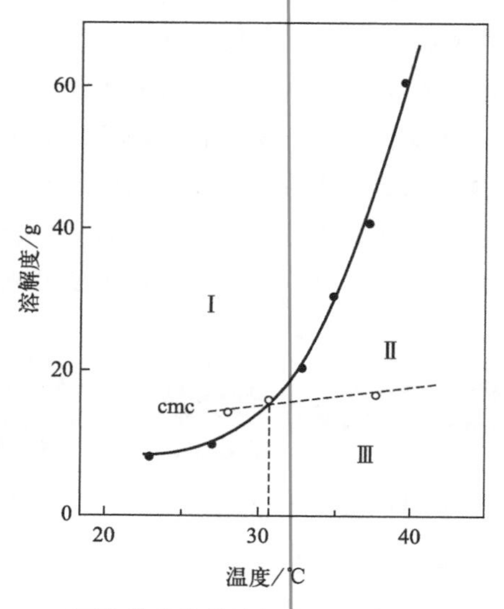

图 2-4 石油磺酸盐的溶解度和温度关系相态图

表面活性剂在 Krafft 点附近的相态可分为三个区域：Ⅰ区，在 K_p 温度以下表面活性剂处于水合体状态；Ⅱ区，在 K_p 温度和临界胶束浓度以上的表面活性剂是以胶束状态分散溶解于溶液中，由于胶束的尺寸小于可见光波长，因此溶液呈透明状态；Ⅲ区，在 K_p 温度以上和临界胶束浓度以下的表面活性剂是以单分子状态溶解在水溶液中，溶液也是透明状态。表面活性剂的 K_p 温度越低，其溶解性越好。常见离子型表面活性剂的Krafft点数据如表2-7所示。

可以看出，影响 K_p 温度的主要因素有：

① 亲水基相同的表面活性剂，其 K_p 温度随亲油基碳链长度增加而增加；

② 亲油基相同，而亲水基增强或数目增加、亲水基位置向碳链中部移动，则 K_p 温度降低；

③ 亲油基碳链引入不饱和键，则 K_p 温度降低；

④ 当加入另一种表面活性剂，则 K_p 温度降低，并低于两种表面活性剂各自的 K_p 温度；

⑤ 溶液中加入无机盐，或者改变反离子，则 K_p 温度增加；

⑥ 溶液中加入适当碳链长度的有机醇时，K_p 温度降低。

考虑到离子型表面活性剂Krafft点温度的特点，对于驱油主剂的选择甚为重要，所选离子型表面活性剂的Krafft点温度必须低于油藏温度，才能保持活性，同时应考虑地层水矿化度的影响。采用不同碳链长度的表面活性剂同系物复配，可以降低Krafft点温度，同时亦能有效降低界面张力。

表2-7 一些离子型表面活性剂的Krafft点（K_p）数据

表面活性剂	K_p/℃	表面活性剂	K_p/℃
$C_{10}H_{21}SO_4Na$	8	$C_{18}H_{37}N^+(C_2H_5)_3Br^-$	12
$C_{12}H_{25}SO_4Na$	16	$C_{16}H_{33}N^+(CH_3)_2CH_2COO^-$	17
$C_{14}H_{29}SO_4Na$	30	$C_{16}H_{33}N^+(CH_3)_2(CH_2)_3COO^-$	13
$C_{16}H_{33}SO_4Na$	45	$C_{16}H_{33}N^+(CH_3)_2(CH_2)_5COO^-$	<0
$C_{18}H_{37}SO_4Na$	56	$C_{12}H_{25}N^+(CH_3)_2(CH_2)_2SO_3^-$	70
$C_8H_{17}COO(CH_2)_2SO_3Na$	0	$C_{12}H_{25}N^+(CH_3)_2(CH_2)_3SO_3^-$	<0
$C_{10}H_{21}COO(CH_2)_2SO_3Na$	8.1	$C_{16}H_{33}N^+(CH_3)_2(CH_2)_2SO_3^-$	90
$C_{12}H_{25}COO(CH_2)_2SO_3Na$	24.2	$C_{16}H_{33}N^+(CH_3)_2(CH_2)_3SO_3^-$	28
$C_{14}H_{29}COO(CH_2)_2SO_3Na$	36.2	$C_{16}H_{33}N^+(CH_3)_2(CH_2)_4SO_3^-$	30
$C_{12}H_{25}CH(SO_3Na)COOCH_3$	6	$C_{12}H_{25}O(CH_2CH_2O)_2SO_3Na$	−1
$C_{14}H_{29}CH(SO_3Na)COOCH_3$	17	$C_{12}H_{25}O(CH_2CH_2O)_3SO_3Na$	<0
$C_{16}H_{33}CH(SO_3Na)COOCH_3$	30	$C_{18}H_{37}O(CH_2CH_2O)_2SO_3Na$	40
$C_{16}H_{33}OCH_2CH_2SO_4Na$	36	$C_{18}H_{37}O(CH_2CH_2O)_3SO_3Na$	32
$C_{16}H_{33}(OCH_2CH_2)_2SO_4Na$	24	$C_{18}H_{37}O(CH_2CH_2O)_4SO_3Na$	18
$C_{16}H_{33}(OCH_2CH_2)_3SO_4Na$	19	$C_{12}H_{25}N^+(ME_2)CH_2CH_2(ME_2)N^+C_{12}H_{25}\cdot 2Br^-$	<0
$C_{16}H_{33}N^+(CH_3)_3Br^-$	25	$C_{14}H_{29}N^+(ME_2)CH_2CH_2(ME_2)N^+C_{14}H_{29}\cdot 2Br^-$	29
$C_{16}H_{33}N^+(C_2H_5)_3Br^-$	<0	$C_{16}H_{33}N^+(ME_2)CH_2CH_2(ME_2)N^+C_{16}H_{33}\cdot 2Br^-$	43
$C_{18}H_{37}N^+(CH_3)_3Br^-$	36		

2.2.5.2 非离子表面活性剂的溶解性能

(1) 浊点温度

非离子表面活性剂在水中具有较好的溶解性，特别是在低温下，当温度增加达到一定值时，溶液开始变浑浊，呈乳白色，该温度点称为非离子表面活性剂的浊点（cloud point，CP）。在此温度以上，溶液长期放置时分成两相，一相为水相，含有较少非离子表面活性剂（约 0.2%），又称为贫胶束相；另一相为溶有少量水的表面活性剂相，又称为富胶束相。上述过程是可逆的，当环境温度低于浊点温度时，表面活性剂为溶解状态，呈清澈的均匀相。因此浊点温度可以看作非离子表面活性剂在水中溶解能力的量度。由于非离子表面活性剂在水中溶解时，其聚氧乙烯基团上醚氧通过氢键与水分子结合，从而溶解于水，当温度升高，氢键的结合减弱，超过浊点温度后，氢键的结合消失，表面活性剂分子和水相分离。

(2) 浊点温度的测定

通常浊点温度的测量是将表面活性剂配制为 1%质量分数的水溶液，然后进行程序升温在线测量溶液的吸光度，吸光度-温度关系曲线的转折点对应的温度为浊点温度。国家标准 GB/T 5559—2010《环氧乙烷型及环氧乙烷-环氧丙烷嵌段聚合型非离子表面活性剂 浊点的测定》规定了测定非离子表面活性剂浊点的 5 种方法。

方法 A、B 及 C 主要适用于由环氧乙烷与亲油物缩合衍生的不含氧丙烯基的非离子表面活性剂。选择 A 法、B 法或 C 法取决于被测产品水溶液变浑浊时的温度。若试样的水溶液在 10～90℃间变浑浊，则在蒸馏水中进行测定（方法 A)；若试样的水溶液在低于 10℃时变浑浊或试样不能完全溶解于水时，则在质量分数为 25%的二乙二醇丁醚水溶液中进行测定（方法 B)，本方法不适用于某些含环氧乙烷低的样品，以及不溶于 25%（质量分数）二乙二醇丁醚溶液的试样；若试样在高于 90℃变浑浊，则需要在密封的安瓿内测定，以达到比在大气压下溶液的沸点还要高的温度（方法 C)。

方法 D 和 E 适用 A、B、C 法均不适用的产品，这类产品包括混合非离子表面活性剂，如由环氧乙烷/环氧丙烷嵌段共聚物衍生的非离子表面活性剂。D 法和 E 法的选择取决于被测产品的酸性水溶液变浑浊时的温度。若试样的酸性水溶液在 10～90℃间变浑浊，则在浓度为 1.0mol/L 的盐酸水溶液中进行测定（方法 D)；若试样的酸性水溶液在高于 90℃时变浑浊，则在含 50g/L 正丁醇及 0.04g/L 钙离子的水溶液中进行测定（方法 E)，但 E 法不适用于由脂肪酸或脂肪酸酯衍生的产品。一些非离子表面活性剂的浊点温度见表 2-8。

表 2-8　一些非离子表面活性剂的浊点温度数据

表面活性剂	浊点/℃	表面活性剂	浊点/℃
$C_6H_{13}(OC_2H_4)_3OH$	37	$C_{14}H_{29}(OC_2H_4)_{12.2}OH$	97
$C_6H_{13}(OC_2H_4)_5OH$	75	$C_8H_{17}C_6H_4(OC_2H_4)_7OH$	15
$C_6H_{13}(OC_2H_4)_6OH$	83	$C_8H_{17}C_6H_4(OC_2H_4)_{9\text{-}10}OH$	64.3
$C_8H_{17}(OC_2H_4)_4OH$	35.5	$C_8H_{17}C_6H_4(OC_2H_4)_{10}OH$	75
$C_8H_{17}(OC_2H_4)_6OH$	68	$C_8H_{17}C_6H_4(OC_2H_4)_{13}OH$	89
$C_{10}H_{21}(OC_2H_4)_4OH$	21	$C_9H_{19}C_6H_4(OC_2H_4)_8OH$	34
$C_{10}H_{21}(OC_2H_4)_5OH$	44	$C_9H_{19}C_6H_4(OC_2H_4)_{9.2}OH$	56
$C_{10}H_{21}(OC_2H_4)_6OH$	60	$C_9H_{19}C_6H_4(OC_2H_4)_{12.4}OH$	87
$C_{12}H_{25}(OC_2H_4)_4OH$	4	$C_{12}H_{25}C_6H_4(OC_2H_4)_9OH$	33
$C_{12}H_{25}(OC_2H_4)_5OH$	27	$C_{12}H_{25}C_6H_4(OC_2H_4)_{11.1}OH$	50
$C_{12}H_{25}(OC_2H_4)_6OH$	52	$C_{12}H_{25}C_6H_4(OC_2H_4)_{15}OH$	90
$C_{12}H_{25}(OC_2H_4)_7OH$	62	Tween 80	93
$C_{12}H_{25}(OC_2H_4)_8OH$	79	OP-10	79.5
$C_{12}H_{25}(OC_2H_4)_{10}OH$	95	OP-15	94～99
$C_{14}H_{29}(OC_2H_4)_6OH$	45	OP-20	＞100

(3) 影响浊点温度的因素

① 表面活性剂的亲油基相同，聚氧乙烯数增加则浊点温度增加。

② 聚氧乙烯数相同，随着亲油基碳链长度增加，浊点温度降低。同样，当亲油基支链化、亲水基位置向亲油基碳链中部移动、末端羟基被甲氧基取代、亲油基和亲水基之间的醚键被酯键取代等，则浊点温度也降低。

③ 溶液中加入电解质（包括碱类），也使浊点温度降低，且随电解质浓度的增加，浊点温度呈线性降低。离子水合半径小的电解质使浊点温度下降幅度要大于水合半径大的离子对应的电解质。

④ 低碳醇的加入使浊点温度增加，高碳醇则使其降低。

⑤ 在非离子表面活性剂溶液中加入适量的阴离子表面活性剂，则浊点温度增加。

非离子表面活性剂浊点温度的特性，对于驱油主剂的选择同样具有重要意义，所选的表面活性剂的浊点温度必须高于油藏温度，否则，其注入油藏后将失去活性，同时需要考虑地层水矿化度的影响。如果油藏温度较高，则可以采用非离子表面活性剂和适当阴离子表面活性剂复配以提高驱油体系的浊点温度。

2.3 驱油用表面活性剂的发展现状

1929年和1930年De Groot申请了水溶性表面活性剂提高石油的采收率的专利，使用的是25～1000mg/L的多环磺化物和木质素亚硫酸盐废液这类水溶性表面活性剂。1958年Holbrook提出过用于表面活性剂驱的其他水溶性化合物，包括有机高氟化合物、脂肪酸皂、聚二醇酯、脂肪酸盐或磺酸盐、聚氧化烯类化合物。发表的室内试验结果都表明，这些溶液降低了界面张力，提高了采收率。1959年Holm和Bernard申请了一个专利，建议注入1%～3%的溶于低黏度烃的表面活性剂，该方法减少了表面活性剂在水湿油层内的吸附。1961年Csaszar申请了应用表面活性剂浓度大约12%的无水可溶油和非水溶剂化合物的专利。这些专利促进了可溶油驱替过程的发展。

1962年Cogarty和Olson申请了一个在新混相驱采油过程中应用微乳液的专利，该过程称为马拉驱（Maraflood），微乳液中含有表面活性剂、烃和水，主要方法是注入表面活性剂浓度约为5%的小孔隙的胶束溶液。1964～1965年Jones、Reisberg和Cook的专利开创了使用高浓度表面活性剂驱和胶束驱采油的方法。1967年Jones申请了一些专利，他主张采油时应用高含水量的油外相微乳液和水外相的胶束分散体。1968年Cogarty和Tosch提出也可以加入助表面活性剂或电解质。

1972年美国石油磺酸盐生产总量大约为17.6万吨，其中包括钡盐、钙盐和钠盐，这个数量与表2-9的数值相比较说明，若用表面活性剂方法获取大量三次油，还必须扩大磺酸盐的生产能力。马拉松石油公司在这方面已经取得一些进展，该公司在罗宾逊（伊利诺伊州）的炼油厂兴建一个日产795m^3石油磺酸盐的装置，并于1975年投产，计划在1975年把该设备生产的产品先注入第一个矿场试验方案中去，然后扩大马拉松石油公司的资产以发挥设备的生产能力。

表2-9 表面活性剂驱化学剂需要量（基数：年产油1590万m^3）

类型	马拉松石油公司/(万吨/年)	埃克森石油公司/(万吨/年)
表面活性剂	77.11	30.84～61.69
助表面活性剂	5.58	24.95～49.90
总计	82.69	55.79～111.58

国外的产品大都是烷基芳基磺酸盐的混合物，美国Witco公司生产的ORS-41和美国Stepan化学公司生产的B-100均属于这种类型。在驱油过程

中，石油磺酸盐靠其降低油水界面张力作用、乳化作用和增溶作用，达到提高采收率的目的。试验表明，每吨石油磺酸盐可以提高原油产量130t，可以提高高渗油藏原油采收率20%～30%。

20世纪80年代，随着复合驱的兴起，在大庆、胜利等油田进行的三元复合驱先导试验和工业化矿场试验中主要采用的都是进口石油磺酸盐（ORS-41和B-100)。由于其价格昂贵，而且与我国的原油配伍性不是很好，许多科研机构都致力于开发适合国内各地油田的廉价石油磺酸盐。

1987年陈春英用玉门原油减二线后馏分和减三线前馏分进行磺化，在相同原料、相同条件下用气体三氧化硫制得的石油磺酸盐比用发烟硫酸制得的石油磺酸盐具有更高的平均分子量和更好的亲油亲水性。

新疆石油管理局于1994年率先在国内合成了复合驱专用工业表面活性剂KPS系列，用KPS-2与XJ-1石油磺酸盐复配之后，以Na_3PO_4为碱剂的配方体系，使克拉玛依油田七东一区、彩南三工河组原油界面张力达到超低，提高原油采收率达20%。此外，还利用原油中的环烷酸，研制出环烷酸盐J2-KPS2复合驱用表面活性剂，但环烷酸盐复合体系只能用于油藏水矿化度较低、原油酸值较高、原油含蜡量低的矿场。

李干佐等以油脂下脚料研制出天然混合羧酸盐SDC系列驱油剂，成本低、生产过程无污染，在含钙镁离子浓度小于350mg/L的地层水中，其界面张力均能达到超低，并在中原油田、吉林油田开展现场试验。另外，天然混合羧酸盐SDC具有很好的耐温效果，在低于250℃时，SDC能够正常发挥作用。

20世纪90年代，为了降低成本，加快表面活性剂的国产化步伐，国内研究人员开发出一类结构与ORS类似的产品——重烷基苯磺酸盐，用重烷基苯为原料，经膜式SO_3磺化装置进行合成，生产出的产品用于复合体系驱油具有较好的效果。其重烷基苯的原料来自洗涤剂厂用十二烷基苯的副产品，约占烷基苯的10%，经磺化得到的磺酸盐，除单磺酸盐外，还含有二烷基苯、二苯基烷、多烷基苯、多苯基烷及二烷基茚满和萘满等的磺酸盐，产品较为复杂，其烷基碳数为C_{12}～C_{24}。该产品能够和大庆不同原油形成超低界面张力，并于2001年5月在大庆采油四厂杏二中油区进行三元复合驱现场试验。

1999年，王德民发布了一个以石油馏分油为原料，通过氧化反应来生产石油羧酸盐的专利，原料来源广，制备价格低廉，产品性能稳定，加电解质后可以与原油形成超低界面张力，且与其他表面活性剂有很好的协同效应。

2001年史俊等介绍了一种适用于高含水期的重芳烃石油磺酸盐（HAPS)，室内实验结果表明，HAPS与现场地层水配伍性良好，0.2%～0.3%的HAPS水溶液在高含水情况下，可使残余原油采收率累计增加7%～8%。

2002年，任敏红等通过研究廉价石油磺酸盐表面活性剂KPS2的合成及性能，确定了KPS2的生产工艺参数，并对产品性能进行了评价。实验表明，KPS2/Na_2CO_3复合体系与新疆克拉玛依原油的界面张力达到了三元复合驱低界面张力的要求，且具有适应范围广、产品收率高、产品性能稳定、生产工艺简单、无酸渣、环境污染小、成本低等特点。

2003年，杨瑞敏等将天然混合羧酸盐和十二烷基硫酸钠复配，该体系在矿化度110～180g/L、钙离子3000～6000mg/L时，与中原油田的界面张力达到10^{-3}数量级。

2004年，岳晓云等报道了用高芳烃的大港馏分油合成石油磺酸盐，其以气体SO_3磺化，制得的石油磺酸盐可在弱碱条件下将大港原油的界面张力降到超低，而且矿化度适用范围广。

2004年，郭东红等以糠醛抽出油为原料制备三次采油用表面活性剂；又以大庆减压渣油为原料，生产出高效、廉价驱油表面活性剂OCS，在大庆油田开普化工有限公司萨南化工分公司和北京陆海源石油化工有限公司进行了中试，现已建立了2条工业化生产线。

2004年，邵红云等对胜利油田注聚、注胶后进行了石油磺酸盐复配体系驱油实验，针对胜利油田的油、水特点，筛选出多种表面活性剂试样及其复配体系进行油水界面张力测定，成功研制出具有良好驱油性能的复合驱配方。室内物理模拟实验结果显示，这种驱油体系可在水驱的基础上提高采收率19%。

2004年，王小泉等将一种价格低廉的石油磺酸盐（ZPS）与一种表面活性剂（PS）复配，采用这种复合的表面活性剂（PZ）水驱方式进行低-特低渗透率油藏驱替试验，结果表明其与油藏流体配伍性好、吸附量少，明显降低界面张力，采收率提高9%。

2007年，张凤莲对朝阳沟低渗透油田朝522区块（18.5mD）表面活性剂增注试验进行数值模拟，结果表明，表面活性剂注入后，注入压力下降0.7MPa，注入量增加了26.5m^3/d，储层动用层数增加了22%，单井增油31.5%，累计增油3479t，投入产出比为1∶3。

2008年，高明等研究表明，新型磺基甜菜碱SLB-13在较宽范围（50～3000mg/L）内与大庆原油的界面张力达到超低，在大庆低渗透岩心（渗透率29～45mD）的启动压力梯度仅为水驱的37%～43%，加入聚合物后的压力梯度和水驱接近，平均提高采收率10%，可用于低渗透油藏提高采收率。

2009年，熊生春等使用季铵盐型Gemini表面活性剂LTS在大庆低渗透油藏（10mD）进行注入试验，注入浓度600mg/L的溶液90d，6口井的平均注入压力下降了0.9MPa，单井注入量平均增加8.5m^3/d，年产油量增加了1429t。

2011年，聂振霞统计了胜利石油磺酸盐对史深100区块低渗透油藏(6.8mD)的试验结果，其可将界面张力降至超低，吸水指数增加了14.2%，明显改善了低渗透油藏的注水效果。

2007年，赖南君等将季铵盐型阳离子表面活性剂和OP-10非离子表面活性剂复配，在渗透率4.55mD、温度50～80℃、矿化度81000mg/L和二价阳离子9885mg/L的低渗透高盐高硬度油藏中应用，测定了水驱和表面活性剂注入时的相对渗透率曲线，发现表面活性剂注入后，相渗区间由29%扩大至36%，等渗点从53%右移至56%，渗流特征显著改善。

2008年，周云霞等利用酮苯去蜡油和糠醛抽出油，用SO_3气进行磺化制备出磺酸盐，活性物含量达到25%～40%，采用Na_2CO_3配制的弱碱三元体系或者采用NaCl等盐类配制的二元无碱体系界面张力均小于10^{-3}mN/m。

2008年，黄毅等用发烟浓硫酸对环烷基油进行磺化反应，合成了一种新型的三次采油用表面活性剂——环烷基石油磺酸盐。产物具有优异的抗盐性能，在盐度低于50g/L范围内，在不加碱及其他助剂的情况下，可将胜利油田采油二区1号、2号、3号区块的油水界面张力降至超低值10^{-3}mN/m，最低值达到5×10^{-4}mN/m。

2009年，黄毅等用发烟浓硫酸对油脂进行磺化，水解、中和后，制成了饱和的羟基磺酸盐驱油剂。在不加碱及其他助剂的情况下，该驱油剂能大幅度降低胜利油田采油一区、采油二区的油水界面张力至超低值10^{-3}mN/m，最低值达到7×10^{-4}mN/m。该驱油剂具有较好的抗盐和抗Ca^{2+}、Mg^{2+}能力，在总盐度为$(2\sim130)\times10^3$mg/L范围内和Ca^{2+}、Mg^{2+}总浓度低于500mg/L时都具有较高的界面活性。

沈之芹等以脂肪醇聚氧乙烯醚为原料，合成了羧酸盐-非离子Gemini表面活性剂，耐盐50g/L，抗钙镁离子1000mg/L，耐温90℃，可将胜利油田原油界面张力降至10^{-3}数量级。

董珍等以非离子型表面活性剂月桂醇聚氧乙烯醚和马来酸酐、反丁烯二酸为主要原料，合成了一种表/界面活性很高的阴-非离子型Gemini表面活性剂——羧化月桂醇聚氧乙烯醚马来酸双酯表面活性剂（CAPM），可将界面张力降低至10^{-3}mN/m。

2.4　国外驱油用表面活性剂产品简介

2.4.1　常规驱油用表面活性剂

早期国外开发生产驱油用表面活性剂的公司主要有Witco、Sitebang、

Shell、Amoco、Dow 等化学公司以及法国石油研究院炼厂，产品主要为磺酸盐系列产品，目前有些公司可能经过拍卖重组，具体生产能力不详。产品及主要性能指标见表 2-10。

表 2-10 国外驱油用表面活性剂商业产品的性能参数

代号	类型	平均分子量	有效含量/%	生产厂家
TRX-501	石油磺酸盐	371	43	Witco 化学公司
TRS-203	石油磺酸盐	461	46	
TRS-401	石油磺酸盐	424	40	
TRS 10-80	石油磺酸盐	405	80	
TRS 10-40	石油磺酸盐	405	65	
TRS-10	石油磺酸盐	420	62	
TRS-16	石油磺酸盐	450	62	
ORS-41	石油磺酸盐＋α-烯烃磺酸盐	425	50	
TRS-18	石油磺酸盐	495	52	
TRS-40	石油磺酸盐	325	40	
TRS-128	石油磺酸盐	411	62	
TRS-108	石油磺酸盐	395	62	
Ultrasxs	二甲苯磺酸盐	—	40～91	
Sulframin 40	直链烷基苯磺酸钠	—	40	
Sulframin 85	直链烷基苯磺酸钠	—	80	
Sulframin 1240	直链烷基苯磺酸钠	—	41	
Martinez-regular	石油磺酸盐	450～480	65	Shell 化学公司
Martinez-Hi MW	石油磺酸盐	520～560	68	
Petrostep 420	石油磺酸盐	420	60	Sitebang 化学公司
Petrostep 450	石油磺酸盐	450	60	
Petrostep 465	石油磺酸盐	465	60	
Petrostep 500	石油磺酸盐	500	60	
B-100	石油磺酸盐	417	50	
Sulfonate 151	聚丁烯磺酸钠	420	47～52	Amoco 化学公司
Sulfonate 152	石油磺酸铵	420	48～52	
Dowfax 2A-0	联苯磺酸盐	—	40	Dow 化学公司
Dowfax 2A-1	联苯磺酸盐	—	45	
P8-122-0	石油磺酸盐	400	55	法国石油研究院炼厂
P25-122	石油磺酸盐	430	62	
P4-122B	石油磺酸盐	456	57	

除此之外，还有聚氧乙烯醚磺酸盐、烷基芳基聚氧乙烯醇以及含氟表面活性剂等。

2.4.2 泡沫驱用表面活性剂

常规泡沫驱用表面活性剂主要有 ORS-41（磺酸盐类）、α-烯烃磺酸盐（AOS，C_{14}～C_{18}）、十二烷基硫酸铵、脂肪醇聚氧乙烯醚硫酸铵（Alipal CD-128），其中 α-烯烃磺酸盐的使用频率最高，其他好的发泡剂还有 AEO-9、ABS、AES、SDS 等。

高温蒸汽泡沫驱的表面活性剂包括 SuntechIV（Sun）、DowFax2A（Dow）、Neoden14～16、Neoden 16～18（Shell）和 Stepanflo30（Stepan）。

2.4.3 碳酸盐油藏用表面活性剂

碳酸盐油藏提高采收率主要是利用表面活性剂在亲油岩石表面的吸附，将油湿调整为混合湿或水湿，导致水自发吸入含油基质，从而将原油驱出。阳离子和非离子表面活性剂就是基于这个机理，阳离子表面活性剂吸附原油中的有机酸并形成离子对，使其稳定进入原油中，从而将岩石表面改为水湿。相关的研究工作是从 20 世纪末期或 21 世纪初期开始的，因此它们在碳酸盐油藏刺激原油回收中仅有少数案例。使用的表面活性剂分为三类，即阳离子表面活性剂、非离子表面活性剂和阴离子表面活性剂。

2.4.3.1 阳离子表面活性剂

常用的表面活性剂为季铵盐，包括十二烷基三甲基溴化铵、正辛基三甲基溴化铵、正癸基三甲基溴化铵、正十二烷基三甲基溴化铵、正十六烷基三甲基溴化铵、正辛基酚二聚氧乙烯二甲基氯化苄铵、正辛基～正十八烷基二甲基氯化苄铵、十六烷氯化吡啶和十二烷基氯化吡啶等。

2.4.3.2 非离子表面活性剂

常用的非离子表面活性剂主要为聚乙烯醇类和烷基酚聚氧乙烯醚类。

2.4.3.3 阴离子表面活性剂

大多数阴离子表面活性剂不能永久吸附原油中的阴离子有机羧酸盐，只有高 EO 值的乙氧基磺酸盐、硫酸酯盐可以。Seethepalli 等使用了芳基乙氧基磺酸盐和芳基丙氧基磺酸盐。Hirasaki 等使用了具有耐二价阳离子的聚氧乙烯和聚氧丙烯的硫酸盐，包括十二烷基聚氧乙烯（3）硫酸钠、十二烷基聚氧丙烯（3）硫酸钠、异-三癸基聚氧丙烯（4）硫酸铵和四癸基聚氧丙烯（4）硫酸钠。Standnes 和 Austad（2000）使用了正（十二～十五）烷基聚氧乙烯（15）硫酸钠、正十三烷基聚氧乙烯（8）硫酸钠、正辛基聚氧乙烯（3）硫酸钠、正（十二～十五）烷基聚氧乙烯（4）硫酸钠、正辛基聚氧乙烯（8）乙酸钠醚等。

2.5 国内驱油用表面活性剂产品及其现状

2.5.1 国内驱油用表面活性剂产品

国内现场试验用表面活性剂主要有国外进口产品、重烷基苯磺酸盐、石油磺酸盐（包括减压渣油磺酸盐）以及其他类型的表面活性剂等，国内部分厂家生产的表面活性剂主要性能指标和现场应用见表 2-11。

表 2-11 国内部分厂家生产的石油磺酸盐类表面活性剂的性能参数

代号	类型	分子量范围	含量/%	生产厂家
NJ1	重烷基苯磺酸盐	450	50	南京炼油厂
TJ1	重烷基苯磺酸盐	427	50	红岩化工厂
HB1	重烷基苯磺酸盐	420	50	辛集化工厂
LN1-6	重烷基苯磺酸盐	417～449	50	抚顺石化厂
JH1-6	重烷基苯磺酸盐	410～470	50	吉林石化厂
YPS-3A	石油磺酸盐	350～650	50	玉门油田
KPS	石油磺酸盐	350～550	50	独山子炼厂
SLPS	石油磺酸盐	300～550	50	胜利油田
PSD	石油磺酸盐	350～550	50	大庆油田
HPS-3C	重烷基苯磺酸盐	420	40	合肥新星
OCS	减压渣油磺酸盐	520	50	大庆

2.5.1.1 进口表面活性剂产品

主要有美国 Witco 公司的 ORS-41 和 Sitebang 公司的 B-100，均为烷基苯磺酸盐，二者在大庆油田 5 个三元复合驱现场试验中大量应用，取得了很好的效果（表 2-12）。

表 2-12 国内现场试验中使用的表面活性剂及效果

油田区块	产品代号	生产厂家	活性剂类型	配方类型	活性剂浓度/%	EOR 采收率/%
大庆中区西部	B-100	Stepan 公司	石油磺酸盐	ASP	0.3	21.4
大庆杏五区	ORS-41	OCT 公司	烷基苯磺酸盐	ASP	0.3	25
大庆杏二区	ORS-41	OCT 公司	烷基苯磺酸盐	ASP	0.3	19.16

续表

油田区块	产品代号	生产厂家	活性剂类型	配方类型	活性剂浓度/%	EOR采收率/%
大庆北I断块	ORS-41	OCT公司	烷基苯磺酸盐	ASP	0.3	21.9
大庆小井距	ORS-41+bio	OCT公司	烷基苯磺酸盐	ASP	0.15+0.3	16.6(23.2)
胜利孤东	SLPS+1#	胜利油田	石油磺酸盐	SP	0.45+0.15	13.4
胜利孤岛西区	BES+PS	—	石油磺酸盐	ASP	0.2+0.1	12.04
大庆北1东	PSD	大庆油田	石油磺酸盐	ASP	0.3	23
克拉玛依	KPS	独山子炼厂	石油磺酸盐	ASP	0.3	23.15
河南油田	HPS-3C	合肥新星	烷基苯磺酸盐	S	0.13～0.15	2.7(3.8)
中原胡5-15块	SDC	—	天然羧酸盐	S	0.3	2.9(阶段)
河南油田	OCS	—	石油磺酸盐	ASP	0.3	6.9(14.2)

注：括号内数据为预测值。

2.5.1.2 重烷基苯磺酸盐

此类表面活性剂主要是工业上生产十二烷基苯磺酸盐的副产品，以及用重烷基苯磺化制成的重烷基苯磺酸盐，也在大庆油田三元复合驱先导试验中使用。

2.5.1.3 石油磺酸盐

大庆、胜利、克拉玛依、玉门等油田利用各自原油的减二线或减三线馏分油（或减压渣油）磺化制成相应的石油磺酸盐，均用于其三元和二元复合驱现场试验中。主要有大庆油田的PSD，胜利油田的SLPS，玉门油田的3A，克拉玛依油田的KPS以及OCS等，由于生产原料不同，这几种产品的主要成分和含量各异。

2.5.1.4 其他类型的表面活性剂

其他类型的表面活性剂包括工业化非离子表面活性剂壬基酚聚氧乙烯醚(OP-10)、吐温80（Tween80），阴离子表面活性剂天然油脂羧酸盐（SDC），生物表面活性剂鼠李糖脂以及自制的发泡剂（DP-4、AGES）等。其中鼠李糖脂只能将大庆油田的界面张力降至10^{-2}数量级，但其和ORS-41复配，不仅昂贵的ORS-41的用量减少1/2，注入化学剂的成本降低了30%以上，而且体系与原油之间仍能达到10^{-3}mN/m的超低水平，提高采收率23.24%OOIP。胜利油田还使用了OP-10和Tween80等非离子表面活性剂和石油磺酸盐复配体系。

2.5.2 国内驱油用表面活性剂的生产情况

国内驱油用表面活性剂目前大量生产的产品主要为石油磺酸盐（包括减压渣油磺酸盐）和天然混合羧酸盐（SDC），其他产品的生产规模不大，应用范围较小，均是由各大油田利用其原油的馏分油自行生产。其中克拉玛依油田的产品为石油磺酸盐 KPS，大庆油田为石油磺酸盐 PSD 系列，胜利油田为多馏分磺酸盐 SLPS 系列。部分国内驱油用表面活性剂的生产情况如下。

2.5.2.1 新疆 KPS

新疆石油管理局于 1994 年率先在国内合成了复合驱专用磺酸盐 KPS，采用液相氧化磺化技术，现已建成年产 2 万吨的生产规模。

2.5.2.2 玉门油田 YPS-3A

玉门炼油厂生产出石油磺酸盐 YPS-3A，生产规模不大，1995 年 5 月用于国内首个胶束/聚合物先导试验，用量 306 吨。

2.5.2.3 胜利 SLPS

胜利油田是国内最先大规模生产石油磺酸盐的单位，产品为胜利多馏分石油磺酸盐，现已建成 1 条年生产能力 3 万吨的液相磺化生产线、2 条共计产能为 3 万吨的气相膜式磺化生产线，年生产能力为 6 万吨。

2.5.2.4 大庆 PSD

大庆油田生产石油磺酸盐较晚，但却是目前国内生产能力最大的单位。大庆炼化公司于 2013 年 8 月 29 日首先建成 1 套年产能力 1.5 万吨的膜式磺化装置，2014 年 9 月又建成 1 套年产能力 3.5 万吨的石油磺酸盐装置，2015 年 7 月 30 日又新建成 1 套年产能力 7 万吨的石油磺酸盐的气相磺化连续膜式装置，总年产能力 12 万吨。

2.5.2.5 减压渣油磺酸盐 OCS

该系列目前在大庆和北京顺义建了 2 套生产线，年生产能力为 1.1 万吨。

2.5.2.6 重烷基苯磺酸盐 HABS

20 世纪 90 年代以来，为降低成本，国家“九五”重点科技项目“大庆油田复合驱用磺酸盐表面活性剂国产化研究”启动，经多家研究机构通力合作，研制出一种类似于国外 ORS 产品的重烷基苯磺酸盐 HABS，2001 年 5 月在大庆四厂杏二中油区进行应用，提高采收率 18%。目前国内的产品来自洗涤剂十二烷基苯磺酸钠的副产品，有多家中小型生产厂家进行生产，生产能力不详。

2.5.2.7 天然混合羧酸盐SDC

山东大学以生产植物和动物油脂时的油脚为原料，合成天然混合羧酸盐(SDC)。其中脂肪酸的含量为55%～65%，能在较宽浓度范围内和碱复合使用，使油水界面张力降低到超低范围。其抗钙镁能力能达到350mg/L，再添加极少量磺基甜菜碱，抗钙镁能力可提高到2000～5000mg/L，适用地层水的总矿化度可达100～150g/L。

2.5.2.8 其他产品

其他产品包括生物表面活性剂鼠李糖脂，非离子表面活性剂OP-10、Tween80、烷基糖苷，泡沫驱发泡剂DP-4（60℃，含盐度17000mg/L、含钙和镁1000mg/L）、AGES（60℃，含盐度50000mg/L、含钙和镁5000mg/L）。除OP-10、Tween80、烷基糖苷为成熟工业化产品，其他产品的生产规模较小，具体数目不详。

2.5.3 国内驱油用表面活性剂存在的问题

2.5.3.1 产品单一

国内大规模生产的驱油用表面活性剂主要为石油磺酸盐和重烷基苯磺酸盐，其他产品的数量较小，大量性能优异的产品尚待开发。

2.5.3.2 成分复杂、质量不稳定

由于石油磺酸盐是采用油田自身原油为原料生产的，产品是一个由多种成分组成的混合物。受馏分油的组成、组分含量以及磺化工艺的影响，产品成分复杂，质量不稳定。据分析，大庆的石油磺酸盐组分很少，以重烷基苯磺酸盐为主，其他多环类磺酸盐很少，分子量分布较宽（350～550）；胜利石油磺酸盐组分多，含量从大到小依次为烷基茚型、烷基茚满型、烷基萘满型、烷基萘磺酸盐、苯骈二环己烷型、烷基苊型（含量10%以上），分子量分布较宽(300～500)。烷基苯磺酸盐尽管成分较为简单，但含有二磺酸盐和多磺酸盐。

2.5.3.3 适应范围较小

① 根据相似相容原理，各厂家生产的石油磺酸盐容易与自身原油形成超低界面张力，但和其他油田结构差异较大的原油较难形成超低界面张力。

② 磺酸盐类表面活性剂只适用于矿化度（<30g/L）较低、钙镁离子含量（<500mg/L）不高的油藏，尽管有少数油藏可以通过复配加以解决，但对于大部分高矿化度、低渗透油藏则不适用。

2.5.3.4 生物降解率小

一般直链烷基苯磺酸盐的生物降解度较高，不影响环境，但是支链、多环

芳烃磺酸盐的生物降解度较低，直接排放会造成环境污染。

2.5.3.5 生产规模小

国内驱油用石油磺酸盐表面活性剂的生产能力只有数十万吨，规模较小，且大部分是油田自用产品，根本不能满足国内其他油田现场试验的需要。

2.6 驱油用表面活性剂的发展趋势

2.6.1 对传统表面活性剂的改性合成和复配

2.6.1.1 传统表面活性剂的改性合成

(1) 传统磺酸盐的改性合成

传统磺酸盐型表面活性剂的亲水基是连接在苯环或芳香环上的，但如果亲水基连接在烷基碳链上（α-烯烃磺酸盐能和烷基苯反应），即可得到一种芳基取代的烷基磺酸盐（AASA），加碱或不加碱的情况下，可将大庆原油和地层水间的界面张力降至超低，并且能够耐盐耐钙镁离子，性能优于传统烷基苯磺酸盐。

(2) 非离子表面活性剂的改性合成

传统非离子表面活性剂耐盐、耐高价阳离子，但其降低界面张力的作用不佳，同时在地层的吸附滞留量较高，但如果在非离子表面活性剂上引入一个阴离子亲水基，即阴-非离子表面活性剂，则兼有阴离子和非离子表面活性剂的优点。如烷基醇聚氧乙烯醚硫酸盐（磺酸盐）、烷基酚聚氧乙烯醚磺酸盐等，能大幅度降低界面张力，耐盐耐硬水，吸附量较低。

2.6.1.2 表面活性剂的复配

利用传统驱油用表面活性剂与其他类型表面活性剂复配，如磺酸盐-羧酸盐、磺酸盐-非离子、两性离子-阴离子等，既能有效降低界面张力和驱油成本，又能提高耐盐性能，扩大传统表面活性剂的应用范围。如大庆的磺酸盐和鼠李糖脂复配，在保持性能的前提下，注入成本降低30%以上；天然混合羧酸盐和磺基甜菜碱复配，可适用于高盐和高二价阳离子油藏。

2.6.2 开发适应高温、高盐和低渗透油藏的表面活性剂产品

近年来，我国东部陆上油田已经进入高含水开发阶段，原油产量大幅减少，而我国低渗透油藏探明储量大，动用程度低，开发潜力巨大，已经成为我国原油稳产的中坚。而低渗透油藏大都是孔隙细小、高温、矿化度和二价阳离子含量高，常规驱油用表面活性剂难以适应。应该合成、开发出系列工业化产

品，如烷基糖苷类、鼠李糖脂、Gemini 型、高级脂肪酸酯磺酸盐等，供不同温度、渗透率、矿化度和二价阳离子含量的油藏选择使用。

2.6.3 开发高效、廉价和环境友好型表面活性剂

表面活性剂的价格相对较高，大规模现场使用会影响经济效益，同时试验规模也受油价制约，再加上出于对健康、安全、环保的考虑，应该着重开发性能优良、高效、廉价、无毒、易降解等环境友好型表面活性剂产品，这在低油价情况下显得尤为重要。生物表面活性剂、天然油脂类表面活性剂（α-烷基甜菜碱、磺基甜菜碱等）等属于无毒、易降解和环境友好型表面活性剂，其原料来源广，能再生，不受高油价的影响，且成本较低。

传统表面活性剂只有一个亲水基和亲油基，其界面活性较低，而 Gemini 型表面活性剂含有两个以上亲水基和亲油基，界面活性高，使用浓度低，具有较高的应用潜力。但成本较高，产品较少。近年来的研究表明，以廉价天然油脂下脚料为原料生产的 Gemini 型表面活性剂，具有界面活性高、成本低、易降解、耐盐、耐硬水等特点，使用浓度只有传统表面活性剂的 1/3～1/2，具有广阔的应用前景。

2.6.4 多功能表面活性剂的开发

传统表面活性剂主要是靠降低界面张力到超低以提高驱油效率的，但随着三次采油的不断发展，如热采、气驱和碳酸盐等油藏，需要耐高温、发泡性强、能改变岩石表面润湿性、耐酸碱、杀菌等特殊表面活性剂，如脂肪酸醇醚磺酸盐、α-烯烃磺酸盐、芳基取代磺酸盐、脂肪醇聚氧乙烯醚磺酸盐以及特殊结构的季铵盐等。国内在这方面的起步较晚，产品较少，应该借鉴国外经验，加大开发力度。

第3章 驱油用表面活性剂的合成与性能检测

本章介绍传统驱油用表面活性剂以及具有驱油潜力的表面活性剂的合成原理和合成工艺，结合实例介绍驱油用表面活性剂的性能检测方法和技术指标要求。

3.1 表面活性剂的合成

表面活性剂的合成主要讨论阴离子型（磺酸盐、羧酸盐、阴-非离子）、两性离子型（甜菜碱类，包括羧酸基、磺酸基）、Gemini 型（阴离子、非离子）等。

3.1.1 阴离子型表面活性剂

3.1.1.1 石油磺酸盐

石油磺酸盐是将原油中富含芳烃的馏分（减二线～减三线馏分，芳烃含量15%～30%）经 SO_3 磺化、中和后的产物，摩尔质量为400～580g/mol。由于不同油田的原油差异较大，因此生产出来的石油磺酸盐性能有较大差异。

原料油中发生磺化反应的主要成分是芳烃化合物，反应方程式如下：

$$RArH + SO_3 \longrightarrow RArSO_3H$$

$$RArSO_3H + NaOH \longrightarrow RArSO_3Na + H_2O$$

式中，R 和 Ar 分别代表烷基和芳基。

通常磺化使用的磺化剂为发烟硫酸、SO_3 和氯磺酸，以 SO_3 为最好，磺化工艺以溶剂-液态磺化法和气态膜式磺化法为主，后者将 SO_3 用干空气稀释，浓度控制在10%以内，磺化剂可由发烟硫酸蒸发或硫黄氧化法提供，工艺流程见图3-1。

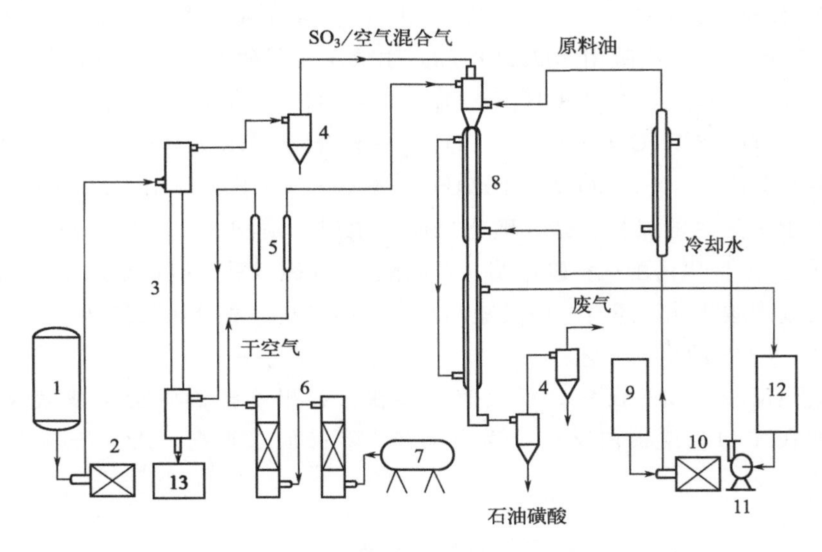

图3-1 石油磺酸盐生产示意图

1—烟酸储罐；2—烟酸计量泵；3—SO_3 气提塔；4—气液分离器；5—气体流量计；
6—硅胶干燥塔；7—空气压缩机；8—降膜反应器；9—石油原料储罐；
10—石油原料计量泵；11—水泵；12—冷却水罐；13—废酸接收器

目前大庆石化建有3套石油磺酸盐磺化装置，年生产能力分别为1.5万吨、3.5万吨和7万吨，合计达12万吨/年。胜利油田建有3条石油磺酸盐生产线，1条为生产能力3万吨/年的液相磺化生产线，2条共计产能为3万吨/年的气相膜式磺化生产线，年生产能力6万吨。还有利用大庆减压渣油生产渣油磺酸盐OCS的中石油油化所，建有2条生产线，年生产能力1.1万吨。

3.1.1.2 α-烯烃磺酸钠

20世纪30年代，F. Guenther等人通过α-烯烃直接磺化得到α-烯烃磺酸盐表面活性剂，简称AOS。由于采用了T-O磺化装置，实现了工业化生产，所用原料为α-烯烃，碳数范围为C_{12}～C_{18}。国内主要生产厂家有安徽安庆南风日化有限公司、西安南风日化公司、山西运城日化公司和湖南丽辰日化公司、海安石油化工厂等。近几年中国α-烯烃磺酸盐的生产发展很快，2003年产量约1.7万吨，2004年国内生产能力达到23万吨。目前国内生产厂家众多，生产能力过剩。

(1) α-烯烃

工业上α-烯烃是通过蜡裂解法、乙烯聚合法（Gulf法）、Ethyl法（Gulf

法的改进）和SHOP法（乙烯低聚、异构化和歧化）制得。

（2）AOS的合成原理

AOS的合成分两步，一是α-烯烃和SO_3/空气磺化直接生成α-烯基磺酸（及二磺酸），二是磺酸用NaOH中和，生成α-烯烃磺酸钠，反应如下：

$$RCH{=}CH(CH_2)_nCH_3+SO_3 \longrightarrow RCH{=}CH(CH_2)_{n+1}SO_3H$$

$$RCH{=}CH(CH_2)_nCH_3+SO_3 \longrightarrow RCH{=}C(SO_3H)(CH_2)_{n+1}SO_3H$$

$$RCH{=}CH(CH_2)_{n+1}SO_3H+NaOH \longrightarrow RCH{=}CH(CH_2)_{n+1}SO_3Na+H_2O$$

由于α-烯烃的成分复杂，磺化反应除生成二磺酸外，还有δ-磺内酯（及磺酸盐）、二聚磺内酯、γ-磺内酯（及磺酸）。加碱以后，磺内酯水解中和，除生成烯基磺酸盐外，还有二磺酸盐和羟基二磺酸盐，成分比较复杂。

（3）AOS的生产工艺

磺化反应是放热反应，反应速度很快，如果不控制将会生成大量副产物，如在T-O反应器内反应，反应温和，产品质量很高，AOS的合成工艺见图3-2。

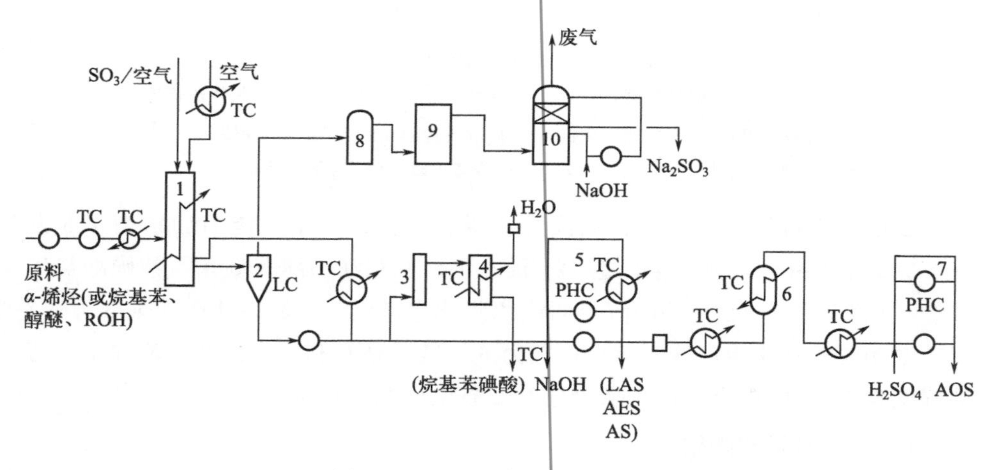

图3-2　AOS的合成工艺示意图

1—T-O反应器；2—气液分离器；3—老化器；4—水化器；5—中和系统；6—酯水解器；7—pH调节系统；8—雾滴分离器；9—静电除雾器；10—SO_3吸收塔；PHC—pH控制；TC—温度控制；LC—液位控制

该工艺包括磺化、老化、中和、水解和漂白等工艺。

计量的α-烯烃升温后进入T-O反应器，SO_3/空气（SO_3的体积分数为2.5%～4.0%）进入温度略低于α-烯烃，由于在反应器内通入了保护风，所以磺化反应较为温和，产生的热量可及时扩散，磺化产物由反应器下部流出进入气液分离器，粗磺化产物由底部流出并迅速冷却，进入老化器中，在30～

35℃老化3～10min，再进入水化器和中和反应系统，中和产物升温后进入水解器，在160～170℃、0.8～1.0MPa下水解，产物用硫酸调pH值至合适范围，喷雾干燥或直接制成AOS水溶液。

3.1.1.3　烷基醇醚丙基磺酸盐、烷基酚醚丙基磺酸盐

以脂肪醇聚氧乙烯醚（AEO）和壬基酚聚氧乙烯醚（TX）为原料，在氢化钠作用下，得到脂肪醇聚氧乙烯醚和壬基酚聚氧乙烯醚的丙基磺酸盐，属于改性的阴-非离子表面活性剂，其合成反应方程式如图3-3所示。

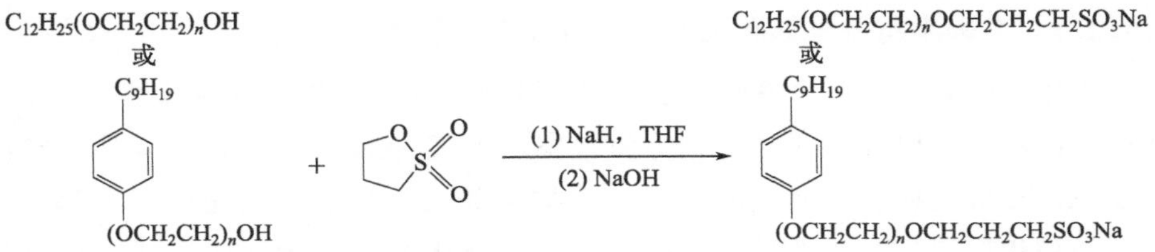

$C_{12}H_{25}(OCH_2CH_2)_nOH$ 或 C_9H_{19}-苯环-$(OCH_2CH_2)_nOH$ + 1,3-丙磺酸内酯 $\xrightarrow[\text{(2) NaOH}]{\text{(1) NaH, THF}}$ $C_{12}H_{25}(OCH_2CH_2)_nOCH_2CH_2CH_2SO_3Na$ 或 C_9H_{19}-苯环-$(OCH_2CH_2)_nOCH_2CH_2CH_2SO_3Na$

图3-3　阴-非离子型表面活性剂合成路线

（1）烷基醇醚丙基磺酸盐的合成

在带有搅拌磁子和恒压滴液漏斗的250mL三口烧瓶中加入0.04mol（12.24g）的AEO-10和50mL新蒸的四氢呋喃，开动搅拌，慢慢加入0.044mol（1.76g）60%的NaH，升温回流，用恒压滴液漏斗慢慢加入0.043mol（5.23g）的1,3-丙磺酸内酯，加完后补加50mL新蒸的四氢呋喃，继续回流，反应24h后停止，最后加入NaOH中和产物。用旋转蒸发仪旋干溶剂四氢呋喃，得到蜡黄色膏状物质，用1∶1的水和异丙醇混合溶剂溶解，用3×50mL石油醚萃取三次，旋干溶剂后得到膏状物质，干燥后即得产品14.5g，产率为82.3%，其分子结构式为$C_{12}H_{25}(OCH_2CH_2)_{10}O(CH_2)_3SO_3Na$，摩尔质量为770.98g/mol。用不同结构的烷基醇醚可以合成系列的烷基醇醚磺酸盐。

（2）烷基酚醚磺酸盐的合成

在带有搅拌磁子的250mL三口烧瓶中加入0.04mol（21.12g）的TX-7、120mL的新蒸四氢呋喃，慢慢加入0.048mol（1.92g）的NaH，升温，开始回流后用滴液漏斗慢慢加入0.046mol（4.67g）的1,3-丙磺酸内酯，加完后，继续反应24h，最后加入NaOH中和产物。反应结束后旋干溶剂四氢呋喃，用1∶1的水和异丙醇混合溶剂溶解后，用3×50mL的石油醚萃取三次，旋干后得到蜡黄色膏状物质，继续干燥后得到产品22.51g，产率为86.5%。其分子结构式为$C_9H_{19}C_6H_4(OCH_2CH_2)_{12}O(CH_2)_3SO_3Na$，摩尔质量为893.11g/mol。用不同结构的烷基酚醚可以合成系列的烷基酚醚磺酸盐。

3.1.2 阳离子型表面活性剂（长链脂肪族季铵盐类）

叔胺与烷基化试剂反应，可以制得季铵盐，基本反应为：

$$RN(CH_3)_2 + ClCH_2C_6H_5 \longrightarrow RN^+(CH_3)_2CH_2C_6H_5Cl^-$$

叔胺可以是普通长链、双长链的叔胺，也可以是具有酰胺键、醚键和酯键的复杂叔胺。前者与烷基化试剂反应生成的季铵盐属于直接连接型，即长链亲油基直接与氮原子相连，后者与烷基化试剂生成的季铵盐称为间接连接型。以长链脂肪族季铵盐为例进行介绍，主要有以下两种合成方法。

3.1.2.1 高碳脂肪胺与低碳烷基化试剂合成季铵盐

常用的烷基化试剂为氯甲（乙）烷、氯苄、氯乙醇等，其活性越高，季铵盐产率越高。氯甲烷、环氧乙烷等为气态，为气-液反应，通常将其通入叔胺中反应，反应完成后，多余的氯甲烷等抽空除去；其他烷基化试剂大都是液态，为均相反应，通常将两种原料混合，烷基化剂稍过量，加热回流使其反应，多余的烷基化剂可减压蒸馏除去。具体合成原理如下：

① 二甲基烷基胺与氯甲烷反应：

$$RN(CH_3)_2 + CH_3Cl \longrightarrow RN^+(CH_3)_3Cl^-$$

② 伯胺与氯甲烷反应：

$$RNH_2 + CH_3Cl \longrightarrow RN^+(CH_3)_3Cl^-$$

③ 二甲基烷基胺与氯苄反应：用十二烷基二甲基叔胺和氯苄反应，可合成洁尔灭。

$$C_{12}H_{25}N(CH_3)_2 + C_6H_5CH_2Cl \longrightarrow C_{12}H_{25}N^+(CH_3)_2CH_2C_6H_5Cl^-$$

④ 二甲基烷基胺与氯乙醇反应：

$$RN(CH_3)_2 + HOCH_2CH_2Cl \longrightarrow RN^+(CH_3)_2CH_2CH_2OHCl^-$$

⑤ 双长链叔胺与氯甲烷反应：

$$(C_{18}H_{37})_2NCH_3 + CH_3Cl \longrightarrow C_{18}H_{37}N^+(CH_3)_2C_{18}H_{37}Cl^-$$

双长链烷基二甲基季铵盐是世界上产量最大的季铵盐阳离子表面活性剂。

3.1.2.2 高碳卤代烷与低碳胺合成季铵盐

高碳氯代烷的碳链一般为 $C_{10} \sim C_{18}$，低碳胺一般为三甲基胺、三乙基胺、二甲基苄胺等，溴代烷的产率高于氯代烷，合成反应如下：

① 氯代烷与二甲基苄胺反应：

$$C_{12}H_{25}Cl + C_6H_5CH_2N(CH_3)_2 \longrightarrow C_{12}H_{25}N^+(CH_3)_2CH_2C_6H_5Cl^-$$

这是新洁尔灭的另一种合成法。

② 溴代烷与三甲基胺反应：

$$C_{12}H_{25}Br+N(CH_3)_3 \longrightarrow C_{12}H_{25}N^+(CH_3)_3Br^-$$

③ 高碳烷基苄基氯和胺类的反应：

$$p\text{-}RC_6H_4CH_2Cl+N(CH_3)_3 \longrightarrow p\text{-}RC_6H_4CH_2N^+(CH_3)_3Cl^-$$

3.1.3 两性离子型表面活性剂

以下介绍的大部分产品都实现了工业化生产，产品系列齐全，质量稳定。

3.1.3.1 羧酸型甜菜碱

羧酸型甜菜碱可分为α-烷基甜菜碱和*N*-烷基甜菜碱两类。以下还介绍了*N*-酰胺取代的羧酸型甜菜碱。

（1）α-烷基甜菜碱

α-烷基甜菜碱是通过高级脂肪酸溴代生成α-溴代酸，再与三甲基胺反应而制得。

$$RCH_2COOH+Br_2 \longrightarrow RCH(Br)COOH+HBr$$

$$RCH(Br)COOH+N(CH_3)_3 \longrightarrow RCHN^+(CH_3)_3COO^-+N(CH_3)_3\cdot HBr$$

其中高级脂肪酸的碳数一般为C_{10}～C_{18}，主要为天然脂肪酸（C_{12}、C_{14}、C_{16}、C_{18}等脂肪酸或混合酸，如椰油酸、棕榈酸等），生产成本低，产品耐酸碱、耐硬水、易降解，属于绿色表面活性剂。

（2）*N*-烷基甜菜碱

N-烷基甜菜碱的工业制法一般由脂肪族叔胺用氯乙酸钠季铵化而制得，反应如下：

$$RN(CH_3)_2+ClCH_2COONa \longrightarrow RN^+(CH_3)_2CH_2COO^-+NaCl$$

反应溶剂为异丙醇，温度为70～80℃。该类产品易降解，用途广泛，如洗涤剂、金属防腐剂、杀菌剂和起泡剂。

（3）*N*-酰胺取代的羧酸型甜菜碱

用脂肪酸酰氯和低分子二元胺反应，得到的叔胺中间体再与氯乙酸钠进行季铵化即可制得*N*-酰胺取代的羧酸型甜菜碱。

$$RCOCl+H_2N(CH_2)_nN(CH_3)_2 \longrightarrow RCONH(CH_2)_nN(CH_3)_2$$

$$RCONH(CH_2)_nN(CH_3)_2+ClCH_2COONa \longrightarrow RCONH(CH_2)_nN^+(CH_3)_2CH_2COO^-$$

其中，$n=2$、3，酰氯一般由长链脂肪酸经PCl_3处理得到，如采用椰油酸，产品为椰油酰胺丙基甜菜碱，代号CAPB或CAB-35，能与一些阴离子表面活性剂复配显示出较强的增稠作用，具有润湿、抗静电杀菌和易降解的特点。

3.1.3.2 磺酸型甜菜碱

（1）磺乙基甜菜碱

该产品可由长链烷基二甲基胺与溴乙基磺酸钠反应制得。

$$CH_3(CH_2)_nN(CH_3)_2+BrCH_2CH_2SO_3Na \longrightarrow CH_3(CH_2)_nN^+(CH_3)_2(CH)_2SO_3^-$$

式中，$n=7\sim17$。该产品在酸性及碱性条件下均具有优良的稳定性，分别呈现阳和阴离子性，与阴、阳离子和非离子表面活性剂配伍性良好。产品无毒，易溶于水，耐酸碱，泡沫多，去污力强，耐硬水。

（2）羟丙基甜菜碱

这类产品是将由等物质的量的环氧氯丙烷和烷基二甲基胺在40℃下反应，在pH=8时加入2mol/L的盐酸，然后在100℃下用亚硫酸钠磺化6h即得到产品，反应如下。

$$RN(CH_3)_2+ClCH_2(CHCH_2O) \longrightarrow RN^+(CH_3)_2CH_2CH(OH)CH_2Cl^-$$

$$RN^+(CH_3)_2CH_2CH(OH)CH_2Cl^-+Na_2SO_3 \longrightarrow RN^+(CH_3)_2CH_2CH(OH)CH_2SO_3^-$$

也可由以下路线合成。

$$ClCH_2(CHCH_2O)+NaHSO_3 \longrightarrow ClCH_2CH(OH)CH_2SO_3Na$$

$$ClCH_2CH(OH)CH_2SO_3Na+RN(CH_3)_2 \longrightarrow RN^+(CH_3)_2CH_2CH(OH)CH_2SO_3^-$$

式中，烷基R的碳数为8～18。因结构中同时带有羟基的阴离子和阳离子基团，不仅具有两性表面活性剂的所有优点，还耐高浓度酸、碱和盐，具有良好的乳化性、分散性和抗静电性，以及具有杀菌功能、抑霉性和黏弹性等，是性能优异的表面活性剂。可广泛应用于日用化工、三次采油、压裂、酸化等多个领域。

（3）酰胺丙基羟丙基甜菜碱

该产品的合成首先是脂肪酸酰氯和二元胺反应，生成酰胺，酰胺再和丙磺内酯（或丙烯基磺酸）进行季铵化反应制得。

$$RCOCl+H_2N(CH_2)_nN(CH_3)_2 \longrightarrow RCONH(CH_2)_nN(CH_3)_2$$

$$RCONH(CH_2)_nN(CH_3)_2+ClCH_2CH(OH)CH_2SO_3Na \longrightarrow CONH(CH_2)_nN^+(CH_3)_2CH_2CH(OH)CH_2SO_3^-$$

式中，酰氯的碳数为8～18。该产品在酸性及碱性条件下均具有优良的稳定性，分别呈现阳和阴离子性，常与阴、阳离子和非离子表面活性剂并用，其配伍性能良好。无毒，刺激性小，易溶于水，泡沫多，去污力强，具有优良的增稠性、杀菌性、抗静电性和抗硬水性。

3.1.4 非离子型表面活性剂

非离子表面活性剂是最早开发的表面活性剂品种之一，大部分产品均实现了工业化生产，下面仅介绍烷基酚聚氧乙烯醚和烷基醇聚氧乙烯醚的生产。

3.1.4.1 烷基酚聚氧乙烯醚

现在的工艺是由直链烷基酚制成线形聚氧乙烯烷基酚醚，国内的产品有OP和TX系列，按照烷基长短和环氧乙烷加合度命名。

烷基酚和环氧乙烷在高压釜内进行氧乙烯化反应，反应温度（170±5)℃，压力0.2～0.6MPa，以0.1%～0.5%的NaOH或KOH为催化剂。反应要先抽真空并用N_2保护，在无水无氧情况下将环氧乙烷加入釜内，在上述条件下反应，直到环氧乙烷反应完为止。冷却后用乙酸或柠檬酸中和，再用H_2O_2漂白，制得烷基酚聚氧乙烯醚。常用产品的烷基为辛基、壬基和十二烷基。该产品虽然具有一定毒性，但在工业清洗、纺织印染、造纸、皮革化工、化纤油剂、油田助剂、农药、乳液聚合等工业领域仍有着较为广泛的应用。

3.1.4.2 烷基醇聚氧乙烯醚

烷基醇聚氧乙烯醚的合成与烷基酚聚氧乙烯醚类似，由于醇的活性低于酚，常规生产分为间歇法、循环喷雾法和管式连续反应器法。循环喷雾法通常采用Press Industria卧式反应器，反应温度150～160℃，压力0.4～0.5MPa，催化剂（KOH等）用量0.2%，循环时间1～10min，该法适用于绝大多数醇类。最新的工艺是采取连续管式反应器连续生产，温度190～250℃，压力2.2MPa，催化剂（KOH等）用量0.2%，原料停留时间为15min，聚乙二醇的含量<1%，投资比间歇法低30%，目前只有仲醇的乙氧基化实现了工业化生产。

生产时，先将醇和KOH加入反应釜内，搅拌并加热至120℃，在真空下脱水1h，至无水分馏出来后，关闭真空阀，充氮气再抽真空，保持一定真空度。升温至140℃，将计量好的环氧乙烷以液态的形式压入反应釜内。反应开始后，温度上升，压力下降，用循环水将反应维持在160～180℃、压力维持在200～300kPa，直至反应完全（压力完全下降并伴随着降温现象）。冷至100℃用氮气将反应物压入漂白釜内，中和漂白即可。

烷基醇聚氧乙烯醚常作为乳化剂、均染剂、发泡剂、清洗剂使用，也是生产脂肪醇醚磺酸盐（或硫酸酯盐）的主要中间体。

3.1.5 Gemini型表面活性剂

3.1.5.1 阴离子型 Gemini 表面活性剂

此类表面活性剂的合成始于20世纪90年代，日本Osaka大学Okahala研究组合成了多种类型的阴离子型Gemini表面活性剂。以乙二胺为联结基团的阴离子型Gemini表面活性剂DAMC结构及合成路线如图3-4所示。

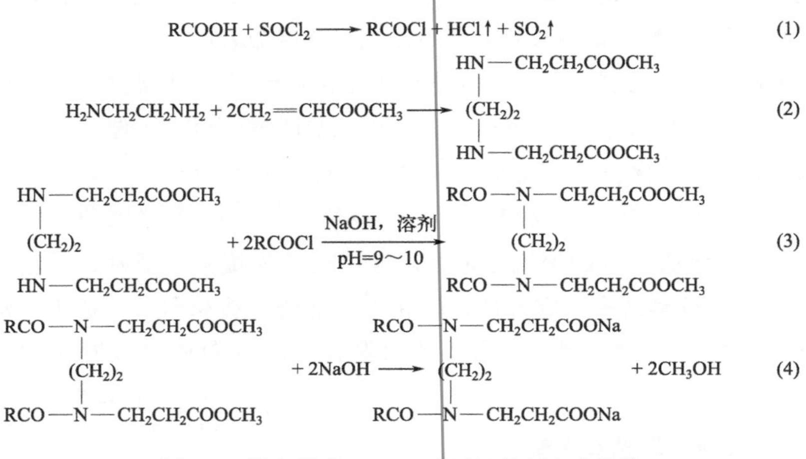

图3-4 阴离子型Gemini表面活性剂合成路线

（1）中间体的制备

在带有搅拌器的三口烧瓶中，加入7.6mL的无水乙二胺，水浴加热至50℃左右，滴加丙烯酸甲酯21.4mL，乙二胺（7.6mL）：丙烯酸甲酯（21.4mL）=1：2（摩尔比），滴加完后继续搅拌反应4h，用旋转蒸发仪减压蒸馏出未反应物，得黄色油状中间体。

（2）N,N'-双月桂酰基乙二胺二丙酸甲酯的合成

预先以月桂酸（36.5g）与氯化亚砜（13.2mL）反应制备月桂酰氯。具体步骤：将月桂酸放入三口烧瓶中，置于热水浴中，片刻后月桂酸溶解。将氯化亚砜加入滴液漏斗中，在搅拌状态下缓慢滴加。开始有大量的小气泡产生，后逐渐消失。然后在三口烧瓶中加入一定量的中间体及混合溶剂（无水乙醇和乙酸乙酯等体积混合），用20%的NaOH溶液调节体系pH至9左右。在搅拌下，滴加月桂酰氯和NaOH溶液，滴加完后继续反应3h。反应结束后，脱除溶剂（旋转蒸发仪减压蒸馏），得浅黄色稠状液体。

（3）N,N'-双月桂酰基乙二胺二丙酸甲酯的皂化

在90℃下，以NaOH溶液皂化N,N'-双月桂酰基乙二胺二丙酸甲酯即得

最终产品 DAMC-12，再经溶剂重结晶 3 次，真空干燥（减压至－0.085MPa，温度调至 130℃）2h，得棕黄色固体样品 30g。产率为 82%。

3.1.5.2 阳离子型 Gemini 表面活性剂

国内对于 Gemini 表面活性剂的研究主要集中在阳离子型，研究的主要类型是含氮双季铵盐型 Gemini 表面活性剂，对其合成、性质及应用的研究也较为完备。

（1）SRL 系列

利用 *N*,*N*,*N*′,*N*′-四甲基乙二胺与溴代十二烷、溴代十四烷、溴代十六烷合成了阳离子型 Gemini 表面活性剂系列，合成通式见图 3-5。

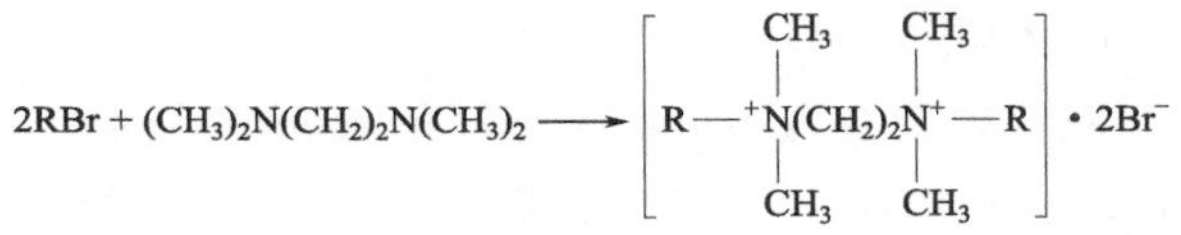

$$2RBr + (CH_3)_2N(CH_2)_2N(CH_3)_2 \longrightarrow \left[R-{}^{+}\overset{\overset{CH_3}{|}}{\underset{\underset{CH_3}{|}}{N}}(CH_2)_2\overset{\overset{CH_3}{|}}{\underset{\underset{CH_3}{|}}{N}}{}^{+}-R \right] \cdot 2Br^{-}$$

$R=C_{12}H_{25}$，$C_{14}H_{29}$，$C_{16}H_{33}$

图 3-5 阳离子型 Gemini 表面活性剂 SRL 系列合成路线

① 溴代十二烷的制备：在装有回流冷凝管的 250mL 三口烧瓶中，分别加入 0.20mol（23.8g）KBr、0.16mol（36.3mL）月桂醇和 2.5mL 去离子水，加热搅拌，当月桂醇与 KBr 混合均匀后，通过恒压滴液漏斗缓慢滴加 6mL 的浓硫酸，25min 滴加完毕，回流反应 4h，温度不能太高，否则月桂醇容易碳化。反应结束后，上层为淡黄色液体，下层为无机盐。将 30mL 蒸馏水加入三口烧瓶中使盐溶解，把溶液倒入 250mL 分液漏斗中静置分层，有机相用饱和 $NaHCO_3$ 溶液洗涤 2 次（15mL，10mL），分出有机相，再用蒸馏水洗涤至中性。加入水之后溶液为乳浊液，用无水乙醚进行萃取，减压除去溶剂，得淡黄色液体，加入无水 $MgSO_4$ 进行干燥。减压蒸馏在 0.078MPa 下收集 200.5～201.5℃间的馏分。

② 溴代十二烷对应阴离子型 Gemini 表面活性剂合成：在装有恒压滴液漏斗的 100mL 三口烧瓶中分别加入 0.05mol（7.44mL）*N*,*N*,*N*′,*N*′-四甲基乙二胺，在搅拌下通过恒压滴液漏斗慢慢滴加 0.15mol（36.95mL）溴代十二烷，滴加完毕后加入 30mL 无水乙醇作溶剂，搅拌回流 48h。反应结束后，在旋转蒸发仪上旋去溶剂后，即可得到浅黄色粗产品。用无水乙醇和丙酮（1∶3）混合溶剂重结晶，在真空干燥箱进行干燥，得白色固体 23.9g，产率 78%。

用溴代十四烷、溴代十六烷同样可以合成出相应的阳离子型 Gemini 表面活性剂，产率分别为 85%和 80%。

(2) LZ 系列

利用叔胺与环氧氯丙烷反应，生成目标季铵盐型 Gemini 表面活性剂，其抗盐性优于 SRL 系列表面活性剂，反应通式如图 3-6 所示。

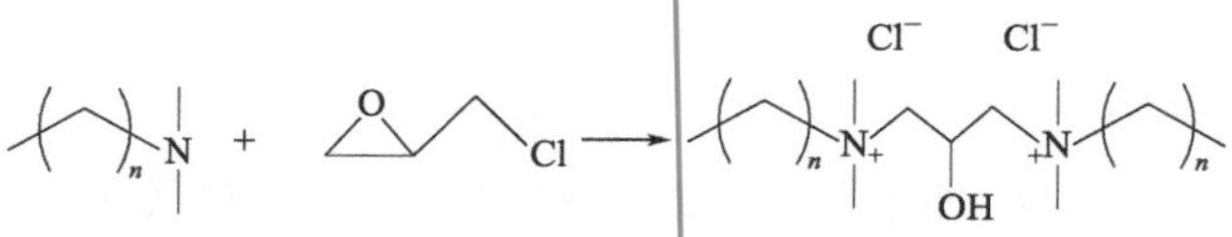

图 3-6 阳离子型 Gemini 表面活性剂 LZ 系列合成路线

改变初始原料，使其分别为 N,N-二甲基十二胺、N,N-二甲基十四胺及 N,N-二甲基十六胺可得到 3 种不同疏水基团的表面活性剂。

在装有回流冷凝管的 100mL 三口烧瓶中，加入 12.78g（0.06mol）二甲基十二胺，在磁力搅拌下用恒压滴液漏斗逐滴加入共 2.77g（0.03mol）环氧氯丙烷，在 80℃下反应 6h，减压旋蒸出反应体系中的水后，80℃下真空干燥 24h，得淡黄色固体产物 13.23g，产率 79%。

用二甲基十四胺和二甲基十六胺，同样反应可得到白色固体粗产物，分别为 4.68g 和 4.53g，产率分别为 93%和 90%。

最佳合成参数：采用工业品原料，以异丙醇为溶剂，叔胺与环氧氯丙烷的摩尔比为 2∶1，在 80℃下反应 6h，产率为 90%。最终产品为白色固体或 20%的水溶液。

3.2 驱油用表面活性剂的性能检测

驱油用表面活性剂理化性能包括溶解性、界面张力、耐盐抗二价阳离子性能、热稳定性、乳化性、吸附滞留量、驱油试验、降压增注性能以及起泡性等，这些性能参数对于表面活性剂的筛选、复配和现场试验效果评价甚为重要。本节内容只涉及表面活性剂单一和复配体系，关于表面活性剂与碱、聚合物等其他化学剂组成的二元和三元复配体系的理化性能检测，请参阅相关文献和标准进行。

以下试验是评价或筛选表面活性剂理化性能的常用方法，以自备的驱油用表面活性剂样品为例进行试验。需要说明的是，试验中的参数（模拟水的矿化度、二价离子浓度及试验温度等）应结合油藏的实际情况确定，供参考。

3.2.1 试验仪器设备、试剂和材料

3.2.1.1 仪器设备

① 旋转滴界面张力仪：转速，1000～9000r/min；温度，室温～80℃；油滴直径分辨力，0.002mm。

② 恒温箱：量程，室温～150℃，控温精度±1℃。

③ 电子天平1：量程3kg，分辨力0.01g和0.1g。

④ 电子天平2：量程300g，分辨力0.1mg。

⑤ 驱油试验：包括中间容器，岩心夹持器，压力表（或压力传感器），油水计量装置，注入泵，环压泵，真空泵以及加热控温装置等。

⑥ 密度计：用于测定原油和水溶液的密度。

⑦ 水浴振荡器。

⑧ 罗氏泡沫仪。

⑨ 游标卡尺。

⑩ 空气渗透率测定仪。

⑪ 旋转黏度计：DVII+型或类似仪器（含恒温水浴）。

3.2.1.2 试剂

NaCl、KCl、$CaCl_2$、$MgCl_2$、Na_2SO_4、$NaHCO_3$、Na_2CO_3 等化学纯试剂。

3.2.1.3 材料

（1）原油

取待选油田典型区块的井口原油，电脱水备用，测定其密度和黏度（油藏温度下）。

（2）水样

取待选油田典型区块的注入污水和地层水，用0.45μm滤膜过滤备用；或根据油田水的分析资料用无机盐和蒸馏水模拟配制，测定油藏温度下的密度。

（3）岩心柱

采用天然岩心，长度约7cm，直径2.5cm，洗油烘干后编号，测定其直径、长度、质量和空气渗透率，选用渗透率为1～20mD的岩心进行驱替试验。

（4）岩心砂

取油层岩心砂，碾碎后洗油，烘干后用筛分仪进行分级，除去粒径≥1mm的部分，其余各部分称重并计算其质量分数。测定静态吸附量时按质量分数称取。

（5）玻璃器皿

包括烧杯、具塞比色管（25mL，带分度）、具塞锥形瓶、玻璃注射器、砂芯漏斗、玻璃安瓿（30mL）等。

（6）驱油用表面活性剂样品

自制。

3.2.2 溶解性测定

溶解性可以评价驱油用表面活性剂在油田水中的溶解能力，溶解性好的配方，溶液呈透明或澄清状。如果其在油田水中溶解性不好，溶液中产生分相、浑浊或沉淀，就不能在现场进行应用。

3.2.2.1 试验方法

表面活性剂用油田地层水配制 100mL 不同浓度的溶液，各取 20mL 置于 25mL 具塞比色管中，室温或在油藏温度下（50℃，下同）静置 30min，观察溶液性状是否发生变化（分相、浑浊或沉淀）。

3.2.2.2 试验结果

试验结果如表 3-1 所示，表面活性剂的浓度为 3g/L、5g/L 和 10g/L，地层水矿化度 80g/L，二价阳离子含量为 6000mg/L，水型为 $CaCl_2$ 型（下同）。

表 3-1 表面活性剂在地层水中的溶解性

活性剂浓度/(g/L)	溶液外观	
	30℃	50℃
3	均匀透亮	均匀透亮
5	均匀透亮	均匀透亮
10	均匀透亮	均匀透亮

可见，表面活性剂在高矿化度和高二价离子含量地层水中的溶解性较好。

3.2.2.3 注意事项

油田水包括清水、污水和地层水，如果水型相同，应选用矿化度和钙镁等阳离子含量最高的水进行试验。如果水型不同，比如有 $NaHCO_3$、$CaCl_2$ 型水，应分别进行试验。

3.2.3 界面张力测定

3.2.3.1 试验方法

表面活性剂用地层水配制成有效浓度为 500～3000mg/L 的系列溶液，在

60℃下用旋转滴界面张力仪测定其和原油间的界面张力，以平衡界面张力作为测定结果，绘制界面张力-时间、界面张力-浓度曲线，确定出超低界面张力时表面活性剂的浓度范围。

3.2.3.2 试验结果

试验结果见图3-7～图3-8。

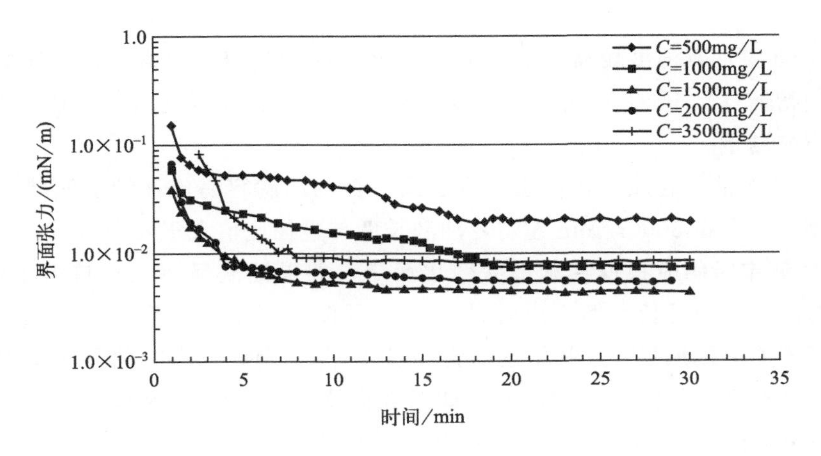

图3-7 界面张力动态曲线

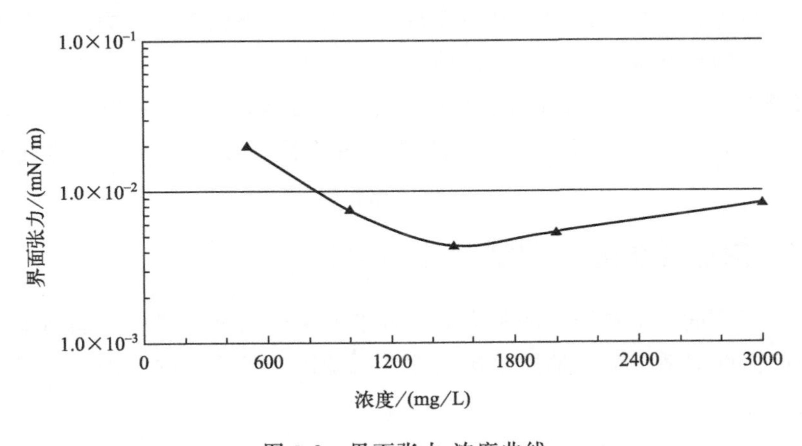

图3-8 界面张力-浓度曲线

从图3-7可以看出，当表面活性剂浓度在1000mg/L以下时，界面张力下降速度较慢，到达平衡的时间较长；当表面活性剂浓度较高时，界面张力下降速度较快，在10min内基本达到平衡。

从图3-8可以看出，随着浓度的增加，界面张力的变化趋势是先降低后增加，呈“锅底状”，界面张力达到最低时表面活性剂的浓度为1500mg/L。在表面活性剂浓度 800～3000mg/L 范围内，界面张力达到 10^{-3} mN/m 的超低水平，超低界面张力时表面活性剂的浓度范围较宽，其使用浓度较常规的表面活性剂低。

3.2.3.3 注意事项

① 同一试验区不同油井的原油可能差异较大，建议使用混合原油进行试验。

② 如果油藏温度较高（如>90℃），界面张力测定应在温度 60～80℃（低于原油初馏点）下进行，主要是因为旋转滴界面张力仪不能加压，原油和水易汽化影响测定。

③ 若原油为轻质油，转速不应过高，否则油滴容易成连续油滴状，导致无法测定，宜在 3000r/min 左右，油滴长度与直径比值大于 4 即可。

④ 测定时间应根据油滴形状变化而定，如果油滴呈棒状且持续不断裂，测定时间可适当延长，但不应超过 2h；如果测定当中，油滴断成数截，且每一截都不能继续测量（互相粘连或直径过小等），则以未断时的界面张力为测定值，并在结果中注明测定时间；如果界面张力在 10min 内基本不变，则测定可以立即结束。

⑤ 加入油量应适宜，并且尽量使测量管保持水平，否则油滴不断移动影响测定，另外，如果毛细管中有数个棒状油滴，且不粘连，应固定一个油滴进行测量，否则会造成界面张力动态曲线失真。

⑥ 测定前，原油和水样应在烘箱中恒温（温度略高于测量温度），以除去水溶液中溶解的空气，否则，随着测量时间延长，溶解空气产生的气泡影响测定。

3.2.4 耐盐性能和抗二价阳离子性能测定

抗盐度及抗二价离子性能是表面活性剂的重要指标，根据试验结果可以确定出表面活性剂适合油藏地层水矿化度和二价阳离子浓度的范围，便于进行试验区的选择。

3.2.4.1 试验用水配制

（1）模拟矿化度盐水的配制

用蒸馏水配制 NaCl 浓度分别为 10g/L、20g/L、40g/L、60g/L、80g/L、100g/L、120g/L 和 150g/L 的系列溶液，作为不同矿化度系列。

（2）模拟钙离子盐水的配制

用蒸馏水配制 NaCl 浓度为 40g/L 的溶液，依次添加 $CaCl_2$，使 Ca^{2+} 浓度分别为1g/L、3g/L、5g/L、8g/L和10g/L，作为不同浓度的钙离子系列溶液。

3.2.4.2 试验方法

① 耐盐性能测定：用模拟矿化度盐水配制浓度为2000mg/L表面活性剂溶液，置于25mL比色管中，观察溶液性状变化；然后置于60℃烘箱中，观察记录溶液性状。对澄清的溶液进行界面张力的测试，以界面张力达到1×10^{-2}mN/m时矿化度范围作为最佳含盐度范围。

② 抗二价阳离子性能：用上述盐水配制不同浓度的表面活性剂溶液，置于25mL比色管中，观察溶液性状变化；然后置于60℃烘箱中，观察溶液性状变化。对澄清的溶液进行界面张力的测试，以界面张力达到1×10^{-2}mN/m时Ca^{2+}浓度范围作为该活性剂的最高抗二价阳离子浓度。

3.2.4.3 试验结果

① 耐盐性能：试验结果见表3-2和图3-9，在矿化度≤80g/L时，溶液为均匀透明状；当矿化度升至100g/L时，溶液略浑浊，轻轻摇动后基本透明；当矿化度≥120g/L，溶液中出现白色絮凝状沉淀，轻轻摇动后不消失，说明表面活性剂不能耐如此高的矿化度。

表3-2 表面活性剂耐盐性能测定结果（60℃）

矿化度/(g/L)	10	20	40	60	80	100	120	150
溶液性状	均匀透明					略浑浊	浑浊	浑浊
界面张力/(mN/m)	0.0114	0.0076	0.0062	0.0048	0.0066	0.014	—	—

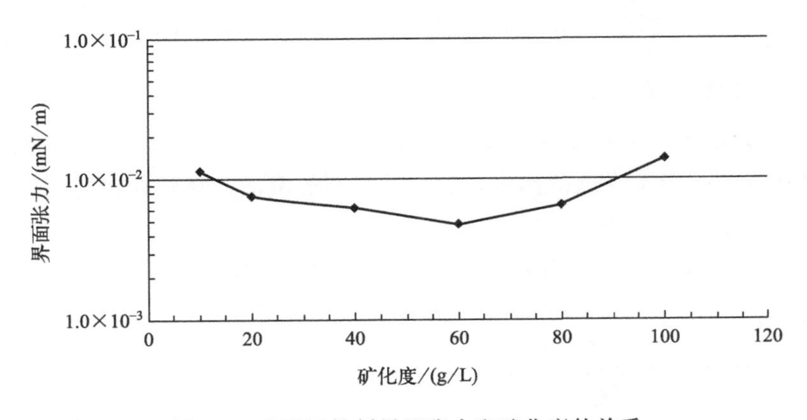

图3-9 表面活性剂界面张力和矿化度的关系

从界面张力测定结果来看，当矿化度在10～80g/L范围内，界面张力随矿化度的增加逐渐降低，达到最低后缓慢上升，界面张力基本达到超低。当矿化度达到100g/L时，界面张力升至10^{-2}数量级，因此界面张力达到超低时的最佳矿化度范围为15～90g/L，在此范围内，表面活性剂的耐盐性较好。

② 抗二价阳离子性能：试验结果见表3-3和图3-10，在浓度为40g/L的NaCl水中，Ca^{2+}浓度≤8g/L时，溶液呈均匀透明状，界面张力保持10^{-3} mN/m超低水平；当Ca^{2+}浓度达到10g/L时，溶液略显浑浊，轻轻摇动后基本透明。因此，当界面张力达到1×10^{-2}mN/m，最高抗钙离子浓度约为9g/L。

表3-3　表面活性剂耐钙离子性能测定结果（60℃）

Ca^{2+}浓度/(g/L)	1	3	5	8	10
溶液性状	均匀透明	均匀透明	均匀透明	均匀透明	略浑浊
界面张力/(mN/m)	0.0078	0.0066	0.0062	0.0073	0.0128

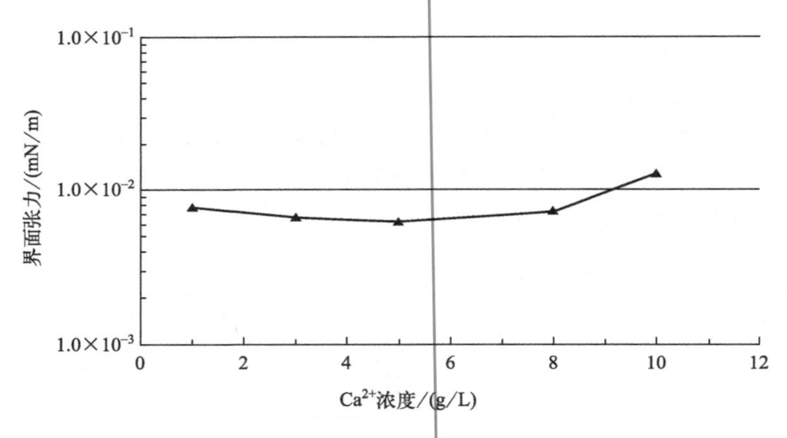

图3-10　表面活性剂界面张力和Ca^{2+}浓度的关系

3.2.4.4　注意事项

① 试验中矿化度和高价阳离子浓度范围是按照试验区地层水相应的数值范围来选择的，要求在该范围内，表面活性剂的溶液应该是均匀透明的，界面张力应达到10^{-3}数量级。

② 也可以利用地层水稀释（蒸馏水）和加盐（NaCl）的方式配制不同矿化度盐水。

3.2.5　热稳定性测定

3.2.5.1　试验方法

表面活性剂用注入污水或地层水配制成有效浓度为2000mg/L的水溶液（约300mL），分别装入25mL玻璃安瓿中，用酒精喷灯烧结密封，编号后置于60℃烘箱中老化，每隔3d、5d、10d、15d、20d、30d、45d、60d、75d、90d取出1个样品，观察记录溶液的性状，测定其与原油间的界面张力。如果样品出现沉淀或分相，轻轻摇动后不消失，则样品的热稳定性较差，不必测定界面张力。

3.2.5.2 试验结果

表面活性剂溶液热稳定性试验结果见表3-4，可以看出，在老化时间90d以内，溶液呈均匀透明状，没有出现沉淀或分相，界面张力仍保持在10^{-3}数量级，说明表面活性剂的热稳定性较好。但从界面张力的变化趋势来看（图3-11），在老化5d内，界面张力有所降低，5d以后，界面张力缓慢上升；45d以后，界面张力基本稳定。稳定后的界面张力为8.8×10^{-3}mN/m，是初始界面张力的1.57倍，也就是老化后界面张力上升了57%。

表3-4 表面活性剂热稳定性试验结果（60℃）

老化时间/d	0	3	5	10	15	20
溶液性状	均匀透明	均匀透明	均匀透明	均匀透明	均匀透明	均匀透明
界面张力/(mN/m)	0.0056	0.0053	0.0048	0.0062	0.0068	0.0074
老化时间/d	30	45	60	75	90	—
溶液性状	均匀透明	均匀透明	均匀透明	均匀透明	均匀透明	—
界面张力/(mN/m)	0.0078	0.0085	0.0089	0.0087	0.0091	—

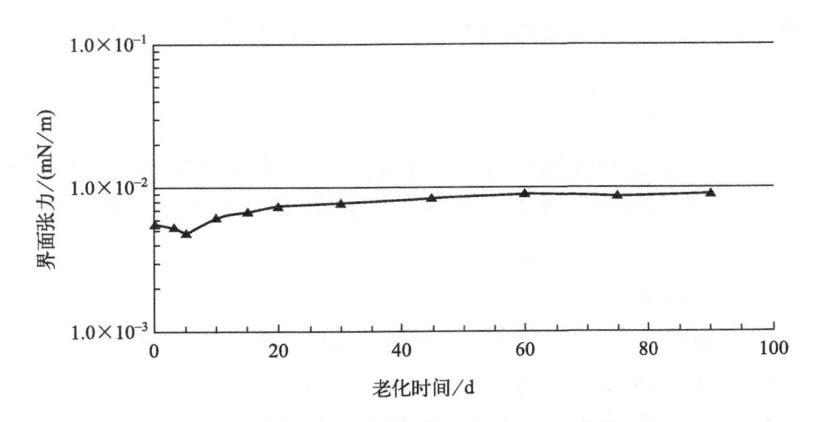

图3-11 不同老化时间下表面活性剂的界面张力（C=2000mg/L，60℃）

3.2.5.3 注意事项

① 玻璃安瓿应选用膨胀系数较小的玻璃，特别是在较高温度下，取样操作时应穿戴防护用品（护目镜、防护手套等）。

② 玻璃安瓿中加入溶液要适量，上部应留有一定空间，以适合溶液受热膨胀的变化，瓶中溶液的量应满足一次测定界面张力之用，一般容积约30mL。

③ 封样的数量应留有余地，一般在设计取样数的基础上多封5～6个样，同一批样应一起放入大烧杯后置于烘箱内老化。

④ 恒温箱应专用（设置温度不能变），同时附有过热、过压或断电保护装置，或另外加装一套控制系统，以满足长时间运转的需要。

⑤ 对于复配表面活性剂体系，特别是两种或两种以上不同类型表面活性剂的复配体系，热稳定性试验能有效评价其性能，一般动态界面张力曲线是前低后高，特别是60～90d的界面张力可升至10^{-2}数量级；同时热稳定性试验也能有效检出一些含碱的表面活性剂产品，其初始界面张力虽然能达到超低，但数天之后，界面张力可大幅跃升至10^{-2}或10^{-1}数量级。

3.2.6 吸附滞留量测定

表面活性剂吸附滞留量分为静态吸附量和动态吸附量。

3.2.6.1 试验方法

（1）静态吸附量

表面活性剂用模拟盐水配制成200mL不同浓度的水溶液，称取10.00g洗油油砂于150mL具塞锥形瓶中，加入90.00mL表面活性剂水溶液，在水浴振荡器（60℃）中振荡24h，测定吸附前后表面活性剂的浓度，按式(3-1)计算静态吸附量。

$$\Gamma_S=(C_0-C_1)V/m \tag{3-1}$$

式中，Γ_S为表面活性剂相对于洗油油砂的静态吸附滞留量，mg/g；C_0、C_1分别为吸附前和吸附平衡时表面活性剂的浓度，mg/mL；V为溶液体积，mL；m为称取油砂的质量，g。

（2）动态吸附量

利用岩心驱替装置测定表面活性剂的动态吸附量，方法如下：

① 选取天然洗油岩心，测量直径、长度。抽空4h后饱和模拟地层水，称重，根据饱和水的质量和密度计算孔隙体积和岩心孔隙度。

② 岩心放入岩心夹持器内，升温至60℃并恒温4h，用模拟地层水驱至压力稳定。

③ 以一定速度注入表面活性剂溶液（有效浓度2000mg/L），每隔5mL取样一次，测定表面活性剂的产出浓度，直至产出液浓度稳定。

④ 以模拟地层水驱替，每隔 5mL 取样一次，测定表面活性剂的产出浓度，直至产出液浓度达到检出极限，按式(3-2) 和式(3-3) 计算表面活性剂的饱和动态吸附滞留量。

$$\Gamma_{\max}=\left[C_0V_0-\sum\nolimits_{i=1}^{n}(C_iV_i)\right]/m \tag{3-2}$$

$$\Gamma_{\mathrm{D}}=\Gamma_{\max}-\left[\sum\nolimits_{j=1}^{n}(C_jV_j)\right]/m \tag{3-3}$$

式中，$\Gamma_{\max}$、Γ_{D}分别为表面活性剂相对于洗油油砂的饱和吸附量和动态吸附滞留量，mg/g；C_0 为表面活性剂的注入浓度，mg/mL；m 为称取油砂的质量，g；V_0 为表面活性剂的注入体积，$V_0=V_1+V_2+\cdots+V_n$，mL；C_i、C_j 分别为注表面活性剂和注水时产出液的浓度，mg/mL；V_i、V_j 分别为注表面活性剂和注水时产出液的取样体积，mL。

3.2.6.2 试验结果

（1）静态吸附量

测定了 5 个浓度点的静态吸附量，结果见表 3-5 和图 3-12，随着浓度的增加，静态吸附量先快速增加后趋于稳定，平衡吸附量为 2.5～2.7mg/L。

表 3-5 不同表面活性剂浓度下的静态吸附量（天然洗油油砂，相对于油砂含量为 9mL/g，60℃）

初始浓度/(mg/L)	484	925	1487	2009	3015
平衡浓度/(mg/L)	405	760	1250	1732	2720
吸附量/(mg/g)	0.711	1.485	2.133	2.493	2.655

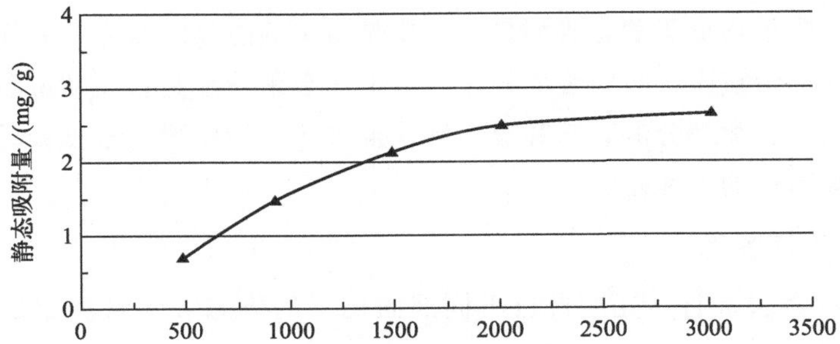

图 3-12 表面活性剂静态吸附量和浓度的关系（60℃）

（2）动态吸附量

测定了表面活性剂浓度 2000mg/L 溶液的动态吸附量，试验参数及结果见

表3-6，动态吸附量曲线见图3-13，驱替速度为0.25mL/min。曲线左半段上升段为吸附曲线，随着注入表面活性剂的增加，吸附量逐渐上升并达到饱和，饱和吸附量为1.81mg/g，其数值包括在岩石表面不可逆吸附量以及在岩心孔隙中的滞留量两部分。曲线右半段为解吸附（或脱附）曲线，随着注入水的冲刷，岩心空隙中的表面活性剂被冲出，滞留量逐渐下降并趋于稳定，最后的数值为表面活性剂的动态吸附量，也称不可逆吸附量，本试验结果为1.25mg/g。

表3-6　天然岩心动态吸附滞留量测定结果

编号	长度/cm	直径/cm	渗透率/mD	孔隙度/%	饱和吸附滞留量/(mg/g)	动态吸附滞留量/(mg/g)
12-5	5.54	2.51	13.97	14.35	1.81	1.25

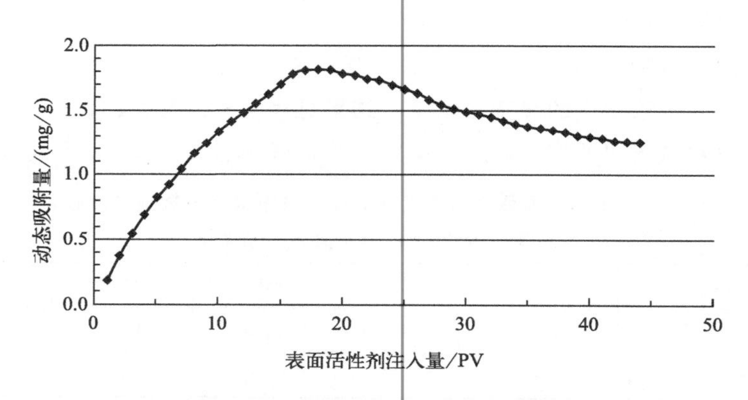

图3-13　天然岩心动态吸附滞留量产出曲线（60℃）

动态吸附量均低于静态吸附量，主要是由于静态吸附时岩石表面全部暴露在表面活性剂溶液中，吸附表面积较大，因而吸附量较高，而动态吸附采用天然岩心，只有孔隙部分的表面和表面活性剂接触发生吸附，本试验动态吸附量只有静态吸附量的1/2左右。

3.2.6.3　注意事项

① 如果条件允许，还应进行不同液固比下的静态吸附量测定试验（表面活性剂浓度相同），一般随着液固比的降低，静态吸附量下降，吸附后浓度和吸附前浓度之比的对数值即$\lg(C/C_0)$与液固比呈线性关系。目前国内对液固比的选择尚无统一的标准。

② 试验前应先建立表面活性剂的浓度分析方法，根据检出浓度范围确定取样体积和频率，最好能进行在线检测，这样可以准确绘制表面活性剂的吸附

和解吸附曲线（表面活性剂浓度-注入PV数曲线或归一化浓度曲线），便于计算吸附速率和解吸附速率。

③ 驱替速度应在油层临界流速之下进行，以保证试验平稳进行，如果驱替速度较高，则产出液流速不稳定，影响取样和测定。

④ 静态和动态吸附也可以利用含油岩心砂和岩心进行试验，由于原油覆盖部分岩石表面，因而吸附量低于洗油油砂和岩心。应仔细选择表面活性剂的浓度分析方法，防止原油影响表面活性剂浓度的测定。

3.2.7　驱油试验

3.2.7.1　试验方法

① 岩心抽空饱和地层水，测定孔隙体积。

② 饱和原油，控制含油饱和度为50%左右，在油藏温度60℃下老化过夜。

③ 先水驱至含水率100%，定时记录驱替压力、产出油和产出水的体积。

④ 注入不同浓度表面活性剂的溶液0.5PV，最后水驱至含水率100%，定时记录驱替压力、产出油和产出水的体积。绘制驱替曲线，计算驱油效率和提高采收率幅度。

3.2.7.2　试验结果

（1）表面活性剂浓度对采收率的影响

利用渗透率相近（约10mD）的天然岩心进行了不同注入浓度的驱油试验，试验结果见表3-7，可以看出随着表面活性剂注入浓度的增加，采收率相应增加，当浓度超过2000mg/L以后，采收率增加幅度减小。从驱替曲线（图3-14）来看，注入表面活性剂后，在2.5PV处含水率下降，采收率增加，在后续水驱阶段，含水率基本在98%以上，所以对于表面活性剂，最佳注入浓度为2000mg/L，提高采收率11.46%。

表3-7　不同表面活性剂浓度下的驱油效果（0.50PV，60℃）

编号	长度/cm	直径/cm	饱和度/%	渗透率/mD	孔隙度/%	水驱效率/%	浓度/(mg/L)	最终驱油效率/%	EOR采收率/%
12-1	7.54	2.51	51.8	9.82	13.97	37.56	1500	48.36	10.80
12-2	7.49	2.50	54.3	10.02	14.35	40.40	2000	51.86	11.46
1-13	7.25	2.50	52.5	9.93	14.66	41.32	3000	53.26	11.94

（2）岩心渗透率对采收率的影响

不同渗透率岩心的驱替试验数据见表3-8，可以看出，随着渗透率的增

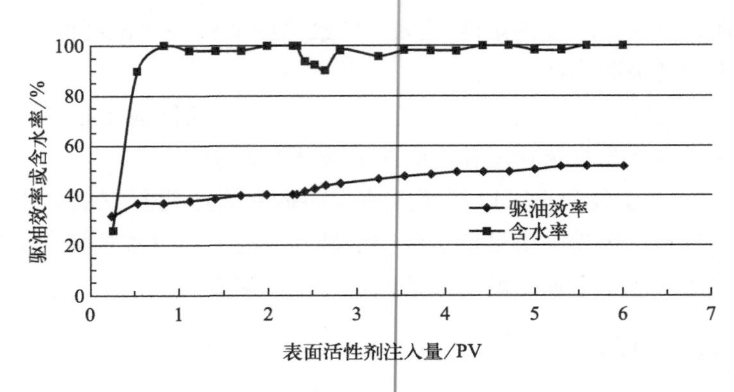

图 3-14 表面活性剂驱油曲线（岩心编号 12-2，2000mg/L，60℃）

加，水驱效率增加，主要是由于渗透率越高，渗流通道越大，有利于原油采出。注入 2000mg/L 表面活性剂以及后续水驱后，最终驱油效率也随渗透率的增加而增加，但采收率的增加幅度相差不大，主要是因为渗透率越高，水驱后的残余油饱和度越低，影响了表面活性剂的驱油效果。总的来说，注入表面活性剂，平均提高采收率 11.72%。

表 3-8 不同岩心渗透率下表面活性剂的驱油效果（0.50PV，60℃）

编号	长度/cm	直径/cm	饱和度/%	渗透率/mD	孔隙度/%	水驱效率/%	浓度/(mg/L)	最终驱油效率/%	EOR 采收率/%
6-1	7.12	2.51	37.9	1.13	7.98	28.60	2000	40.30	11.70
8-2	6.98	2.51	42.6	5.24	12.5	30.60	2000	43.10	12.50
12-3	6.88	2.50	53.3	9.94	14.35	41.30	2000	53.30	10.90
1-15	7.15	2.50	56.9	14.96	19.21	48.34	2000	60.14	11.80
2-19	6.84	2.50	58.9	19.88	21.49	54.70	2000	66.60	11.70

3.2.7.3 注意事项

① 由于低渗透油藏原油黏度较低，可直接使用脱水原油进行驱油试验，不必使用模拟原油。但原油的脱水应采用电脱水二级冷凝（水循环和制冷剂循环）的方法，以便尽量保留原油中的轻质组分。如果要利用模拟原油进行试验，那么，界面张力的测定也必须使用模拟油，否则原油组分含量的变化可能会影响表面活性剂亲油基大小的选择。

② 对于低渗透油藏，由于人造岩心并不能真实反映岩心的孔隙结构和黏土含量的影响，应采用天然岩心进行驱油试验，以评价表面活性剂的驱油效果。

③ 在短岩心上进行驱油试验，如果表面活性剂达到超低界面张力的时间较长（如≥2h），则注入表面活性剂后，停泵并关闭岩心上下端阀门，让表面

活性剂在岩心中充分和原油接触，以此降低界面张力，否则表面活性剂刚注入岩心，就被后续水驱出，反映不出表面活性剂的真实驱油效果。建议使用长约20cm的岩心（由几个天然岩心拼接而成）进行驱油试验，同时能够消除岩心的末端效应。

④ 如果进行注入参数（浓度和段塞量）优化，可使用人造岩心，以便进行驱油效果对比优化，待优化试验完成后，必须使用天然岩心进行驱油效果验证。

⑤ 如果表面活性剂是以泡沫驱的方式注入，则需要在地层条件下测定表面活性剂体系的发泡性、泡沫稳定性（半衰期）、耐盐性、抗二价阳离子性能、注入性和驱油试验等，请参阅相关文献介绍的方法进行。

3.3 驱油用表面活性剂的技术指标

驱油用表面活性剂的技术指标分为产品技术指标和驱油技术指标，产品指标便于进行质量控制，驱油指标是其技术核心，关系到表面活性剂的驱油效果和经济效益。

3.3.1 产品技术指标

产品技术指标主要包括外观、类型、有效物含量、平均分子量、pH值、表面张力、凝固点和Krafft点（或浊点）温度和无机盐含量等。

3.3.1.1 外观

驱油用表面活性剂一般为液体和固体产品，以液体产品居多，基本上为黏稠状液体，在现场配制表面活性剂溶液时，液体产品的黏度关系到配液泵的选型。对于固体产品，现场还需建一套溶解装置，这增加了注入成本。一般要求产品为液体，方便溶液的配制。

3.3.1.2 类型

表面活性剂的类型大部分为离子型，分为阴离子、非离子、阴-非离子、两性离子和不同类型的混合物。根据表面活性剂的类型，可以建立注入液和产出液表面活性剂浓度的分析方法，便于进行现场监测。

3.3.1.3 有效物含量

有效物含量决定了现场试验表面活性剂的实际用量，也决定了项目的经济效益。需要根据表面活性剂的类型建立产品有效含量的检测方法，对出厂产品进行检测。一般要求表面活性剂的有效物含量≥40%，大庆、胜利油田用磺酸盐型表面活性剂的有效含量指标≥50%。

3.3.1.4 平均分子量

大部分驱油用表面活性剂为亲油基链长不等的混合物，分子量分布较宽，其平均分子量是试验室检测表面活性剂的吸附量以及现场注入和产出浓度所必需的参数，必须提供。对于复配表面活性剂产品，最少应提供主剂的平均分子量和助剂的类型。

3.3.1.5 pH值

表面活性剂溶液的pH值关系到注入设备材质的选择，如果表面活性剂为酸性或碱性，注入设备应具备防腐蚀功能，溶液储罐和注入管线也需进行防腐处理。要求表面活性剂溶液为弱酸至弱碱性，pH=6.5～8（1%蒸馏水溶液，室温测定）。

3.3.1.6 表面张力

表面张力是表面活性剂最主要的参数，表面活性剂最主要的性质是显著降低水溶液的表面和界面张力，一般要求表面活性剂的表面张力≤30mN/m（浓度为0.3%，室温下测定）。

3.3.1.7 凝固点

表面活性剂产品的凝固点关系到产品的储存和使用，如果凝固点过高，现场存储应建立保温设施，既增加了现场投入，同时产品凝固又会对后续溶解注入带来难题，应根据现场所在地域的极端低温来确定具体要求，大庆油田处于北部寒带，要求表面活性剂在−20℃不凝固。

3.3.1.8 Krafft点（或浊点）温度

离子型表面活性剂的溶解度随温度升高而增大，当超过一定温度，其溶解度显著增大，该温度即Krafft点，一般要求离子型表面活性剂的Krafft点温度应低于油藏温度，这样才有可能在油田使用；对于非离子型表面活性剂，其溶解度在常温下较高，但超过一定温度，其溶解度显著下降，该点温度称为浊点（cloud point），一般要求非离子型表面活性剂的浊点温度需高于油藏温度。

3.3.1.9 无机盐含量

无机盐含量影响表面活性剂的生产工艺，对于磺酸盐和两性离子表面活性剂，无机盐含量≤5%，其他类型表面活性剂应根据生产工艺确定。

以上驱油用表面活性剂的产品指标中，关键的指标为有效物含量、pH值、表面张力、类型和平均分子量，至于其他指标，要根据现场情况进行制订，也包括表面活性剂的包装以及安全性指标，在日益强调HSE［健康

(healthy)、安全（safety）和环境（environmental）管理体系的简称］的情况下，驱油用表面活性剂的健康安全、环保性能也不容忽视。

3.3.2 驱油技术指标

3.3.2.1 溶解性

表面活性剂应该在室温下溶于注入水和地层水，溶液呈均匀状或透明状。如果表面活性剂在注入水或地层水中的溶解性较差，出现浑浊或分相，就不能使用。

3.3.2.2 界面张力

界面张力是表面活性剂的主要指标，界面张力数值高低关系到表面活性剂的驱油效果，应达到或低于 10^{-3}mN/m（浓度为 0.3%，注入水或地层水配制，在油藏温度下测定其与原油间的界面张力，以平衡界面张力作为检测结果）。

3.3.2.3 界面张力稳定性

界面张力稳定性即热稳定性，是评价表面活性剂在油藏条件下长期稳定的技术指标，要求表面活性剂在油藏温度下密封老化 90d，溶液不会出现沉淀或分相，油水界面张力至少应接近或达到 10^{-3}mN/m 的超低水平。

3.3.2.4 吸附量

驱油用表面活性剂的吸附量直接影响其驱油效果，吸附量分为静态吸附量和动态吸附量，如果吸附量过高，势必要加大其注入浓度，增加注入成本。活性剂的结构不同，其吸附量差距较大，对于磺酸盐，其静态吸附量应低于 1mg/g（以 60～80 目松散洗油油砂测定浓度为 0.3%表面活性剂的静态吸附量计），动态吸附量是在残余油情况下通过驱替试验测定，应低于 0.2mg/g。其他类型的表面活性剂可根据实际情况确定。

3.3.2.5 驱油效率

驱油效率是评价表面活性剂驱油效果的主要指标之一，用天然岩心进行驱油试验，岩心饱和原油水驱至残余油状态，再注入 0.5PV 表面活性剂，水驱至含水率 100%，采收率比水驱提高 10%以上。

第4章 低渗透油藏表面活性剂驱的应用

本章介绍低渗透油藏的特性，提高采收率方法筛选，驱油用表面活性剂的特征、注入方案、注入工艺、动态监测和效果评价。

4.1 低渗透油藏的特性

低渗透油藏的特性包括分类、储层参数、流体性质、开发现状和存在问题。

4.1.1 低渗透油藏的分类

低渗透油藏是基质渗透率较低的油藏，通常指低渗透的砂岩油藏。在我国，低渗透油藏在松辽、鄂尔多斯、柴达木、准噶尔四大盆地的21个油区均有分布，如大庆、长庆、延长、吉林、大港、新疆、吐哈、玉门、二连、青海等油田，其中长庆、延长、新疆等油田低渗透油藏储量在其油区原油储量中占据了主要份额。低渗透油层在古生代、中生代、第三系地层中均有分布。储层岩性为碎屑岩（粉砂岩、砂岩和砾岩）、碳酸盐岩，也有岩浆岩和变质岩。如大庆、吉林、中原油田低渗透储层以粉砂岩为主，新疆、二连油区以砾岩、砂砾岩为主，辽河油田以变质岩、碳酸盐岩为主。

2011年11月开始实施的石油天然气行业标准《油气储层评价方法》（SY/T 6285—2011），将国内低渗透油田分为三种类型：

一类储层，渗透率10～50mD，为一般低渗透储层。这类油层接近正常油层，油井能够达到工业油气流标准，但产量太低，需采取压裂措施提高生产能力，才能取得较好的开发效果和经济效益。

二类储层，渗透率1～10mD，为特低渗透储层。这类油层与正常油层差别比较明显，一般束缚水饱和度增高，测井电阻率降低，正常测试达不到工业油气流标准，必须采取较大型的压裂改造和其他相应措施，才能有效地投入工业开发，例如长庆安塞油田、大庆榆树林油田、辽宁新民油田等。

三类储层，渗透率0.1～1mD，为超低渗透储层。这类油层非常致密，束缚水饱和度很高，基本没有自然产能，一般不具备工业开发价值。但如果其他方面条件有利，如油层较厚，埋藏较浅，原油性质比较好等，可采取既能提高油井产能，又能减少投资、降低成本的有力措施，也可以进行工业开发，并取得一定的经济效益，如延长石油管理局的川口油田等。

截至2014年底，我国累计探明石油地质储量1085×10^{8}t，其中低渗透油田地质储量531×10^{8}t，占全国探明地质储量的49%。一类、二类和三类储层的储量分别占低渗透储量的54%、37.6%和8.4%。在2011～2014年新增油气储量中，低渗透油气藏占60%～80%。

4.1.2　低渗透油藏的储层参数

4.1.2.1　孔隙度

根据32个油层组、12120块样品的统计，孔隙度平均值为18.5%，最大孔隙度为30.2%，最小为1.2%。就孔隙度分布来看，孔隙度≤15%的油层组占50%，属低孔油藏。

根据鄂尔多斯盆地23个油田62个区块储层物性的统计结果，平均孔隙度为10.5%，自上而下由侏罗纪到三叠系，孔隙度逐渐降低，其中侏罗系延安组为13.8%，三叠系延长组从长2、长4+5、长6～8，平均孔隙度分别为12.7%、11.1%和9.3%。

4.1.2.2　渗透率

据32个低渗透油层组12120块样品的统计结果，平均渗透率小于1mD的有18个，占56.3%。在鄂尔多斯盆地23个油田62个区块中，渗透率低于1mD的区块有23个，渗透率1～10mD的有30个，而这合计有53个，占85.5%，渗透率10～50mD的有6个，渗透率大于50mD的有3个，见表4-1。

表4-1　鄂尔多斯盆地62个区块渗透率统计结果

渗透率/mD	<1	1～10	10～50	>50
个数	23	30	6	3
比例/%	37.1	48.3	9.7	4.8

4.1.2.3 含油饱和度

我国低渗透油藏的含油饱和度相对较低，一般为55%～60%，近几年发现的一些油层含油饱和度更低，达到40%，这是油气运移过程中的驱动力、毛细管力、界面张力和润湿性等因素共同作用的结果。

4.1.2.4 孔隙结构

低渗透层以次生的溶蚀孔和微孔为主，占70%以上，喉道细，孔喉配位数较少，只有2～3个。

杨正明等利用恒速压汞、核磁共振和离心仪，首次建立了测定储层岩心不同尺度喉道半径分布特征的实验方法，对长庆和大庆外围69块岩样进行测试(表4-2)。结果表明：当渗透率小于1mD时，纳米级孔喉（<0.1μm）占总孔喉的比例超过60%，其渗流能力主要取决于亚微米级孔喉（0.1～1μm）空间；当渗透率大于5mD时，纳米级孔喉占总孔喉的比例基本小于45%，微米级孔喉（>1μm）占总孔喉的比例大于45%，其渗流能力主要取决于微米级孔喉空间；而渗透率在0.5～5mD之间时，其渗流能力主要取决于亚微米级孔喉空间和微米级孔喉空间所占的比例。

表4-2 大庆、长庆油田低渗透油藏渗透率和孔隙尺寸分析结果

油田	渗透率/mD	不同孔隙尺寸所占比例/%		
		<0.1μm	0.1～1μm	>1μm
大庆	0.1～1	67.68	31.74	0.58
	1～5	56.91	20.26	22.83
	5～10	44.13	8.18	47.69
	>10	37.22	2.09	60.69
长庆	0.1～0.5	59.92	38.77	1.31
	0.5～2	43.61	36.42	19.97
	2～10	36.7	15.94	47.36

总的来说，低渗透油藏喉道细，排驱压力高，进汞饱和度低，对驱油效果不利。低渗透油藏小空隙体积多，比表面大，主流喉道半径小，中值压力高，增加了注水难度。

4.1.2.5 油藏温度

东部渤海盆地和西部准噶尔盆地属于异常高温油藏，油藏温度117～148℃，鄂尔多斯盆地属于低温油藏，油藏温度30～80℃。

4.1.3 低渗透油藏原油性质

4.1.3.1 原油密度

地面原油密度最小的为文东盐间层，为0.83g/cm^3，最大为火烧山油田，达0.89g/cm^3，一般为0.84～0.86g/cm^3。

4.1.3.2 原油黏度

脱气原油黏度（50℃）最低为文东盐间层，仅4.8mPa·s，最高为火烧山油田，达57mPa·s，一般为7～33mPa·s。

地层原油黏度最低为马西深层，仅0.38mPa·s，最高为朝阳沟油田，达10.4mPa·s，一般为0.7～8.7mPa·s。

4.1.3.3 凝固点

原油凝固点最低为火烧山油田，仅11℃，最高为乾安油田，达36℃，一般为16～33℃。

4.1.3.4 胶质沥青质含量

原油中胶质沥青质含量最低为马岭油田，仅2%，最高为老君庙油层M层，达21%，一般为3%～19%。

从表4-3可以看出：低渗透油藏的原油性质较好，其特点是密度小、黏度低、胶质沥青质含量低，凝固点和含蜡量较高，属常规稀油。

表4-3 低渗透油藏原油性质统计结果

参数	地面油密度/(g/cm^3)	地面油黏度,50℃/(mPa·s)	地下油黏度/(mPa·s)	凝固点/℃	胶质沥青质含量/%
范围	0.84～0.86	7～33	0.7～8.7	16～33	3～19

4.1.4 低渗透油藏地层水的性质

我国低渗透油藏地层水总的情况是西部矿化度高于东部，盐湖盆地高于淡水盆地，深层高于浅层。类型可分为碳酸氢钠型和氯化钙型，在东部和西部部分浅层（<2500m）油藏的地层水基本属碳酸氢钠型，矿化度2～30g/L，钙镁等多价阳离子含量不高，为200～1000mg/L；而在东西部深层系和鄂尔多斯盆地，地层水基本属氯化钙型，矿化度很高，为30～220g/L，钙镁等高价离子含量也很高，为1～11g/L。一般油层越深，温度越高，矿化度及钙镁离子含量越高。

4.1.5 低渗透油藏开发现状及存在的难题

4.1.5.1 国外低渗透油藏的开采方法

国外低渗透油藏首先是利用地层天然能量弹性驱替和溶解气驱，尽量延长无水和低含水开采期，但是油层产能递减很快，一次采油的采收率只能达到8%～15%。进入低产期之后再转入注水和注气补充地层能量进行开发，二次采油一般可将采收率提高到25%～30%。

通过对美国、苏联、加拿大等国家的20多个低渗透砂岩油藏开采的调研发现，一次采油的平均采收率为15.8%，二次采油的采收率平均为25.4%。注气成为许多低渗透油藏二次和三次采油的开采方法，采用注轻烃馏分段塞、干气段塞和气水混合物以达到混相驱，驱油效率比水驱高13%～26%。常用方法主要有烃混相、二氧化碳（混相驱）、气水交替、水气混注和周期注气等，进行了大量的现场试验，取得了较好的开发效果。

4.1.5.2 国内低渗透油藏的开发现状

我国低渗透油藏的自然产能低，普遍采取注水开发，中低含水期是可采储量的主要开采期。见水后无量纲采液指数、采油指数随含水率上升大幅度下降，稳产难度大。再加上注水井吸水能力低，启动压力和注水压力高，造成注水困难。我国低渗透油田平均采收率只有21.4%，储量动用程度只有50%左右。目前有五十多个油田（区块）年开采速度小于0.5%，这些低速低效油田（区块）的地质储量约3.2×10^{8}t，平均采油速度仅0.27%，预测最终采收率只有15.5%。

近年来，我国低渗透油气产能建设规模占总量的70%以上，已成为油气田开发建设的主战场。2008年，我国低渗透原油产量7.1×10^{7}t(包括低渗透稠油)，占全国总产量的37.6%，低渗透天然气产量则占全国天然气总产量的42.1%，低渗透油藏的高效开发对于稳定我国原油产量意义巨大。

4.1.5.3 低渗透油藏开发存在的难题

① 流体流动在渗流力学上表现为“非达西流”，从本质上影响采收率的提高。

② 低压储层导致投产初期过后，采液、采油呈指数下降，常规注水很难恢复。

③“低渗、低压、低丰度”造成了“多井低产”，给资本投资和运营造成巨大压力。

④ 低渗透水平井水平段规模压裂改造提产始终是一大难题。

4.2 低渗透油藏提高采收率方法筛选

4.2.1 世界EOR项目调研

据*Oil & Gas*杂志2010年世界EOR项目最新调查报告，美国、委内瑞拉、加拿大等9个国家（未统计中国）开展的EOR项目有316项（表4-4）。按照方法分类，气驱（包括CO_2、N_2、酸性气体、烃混相和非混相驱）项目171项，排第一，占54.1%；热采（包括蒸汽驱、热水驱和地下燃烧）项目138项，排第二，占43.7%；化学驱项目6项，排第三，占1.9%；微生物采油项目1项，排第四，占0.3%。可见世界上三次采油方法主要是气驱和热采，占97.8%，化学驱和微生物项目极少，只占2.2%。

按国家来分，美国的项目最多，有193项，占61.1%，以气驱和热采为主；委内瑞拉其次，有48项，占15.2%，以热采为主；加拿大第三，有40项，占12.7%，以气驱和热采为主；特立尼达和多巴哥第四，有16项，以热采为主；巴西第五，有9项；德国第六，有6项；最后三位分别为印度尼西亚（2项）、埃及和土耳其（各1项）。

表4-4 2010年世界EOR项目数调查汇总

国家	气驱	化学驱	热采	微生物	合计	项目数所占比例/%
美国	130	3	60	0	193	61.1
委内瑞拉	4	1	43	0	48	15.2
加拿大	28	2	10	0	40	12.7
特立尼达和多巴哥	5	0	11	0	16	5.1
巴西	3	0	5	1	9	2.8
德国	0	0	6	0	6	1.9
印度尼西亚	0	0	2	0	2	0.6
埃及	0	0	1	0	1	0.3
土耳其	1	0	0	0	1	0.3
合计	171	6	138	1	316	100.0
驱油方法所占比例/%	54.1	1.9	43.7	0.3	100.0	

其中对于低渗透油藏（渗透率＜50mD），开展EOR的项目有116项，占总项目数的36.7%（表4-5）。主要方法为气驱，项目101项，占87.1%；化学驱和热采（地下燃烧）的项目数较少，分别为4项和11项，合计占12.9%。美国的项目最多，有104项，占89.7%，三次采油以CO_2混相驱和

地下燃烧为主，项目总数94项，占总项目数的81.0%。

表4-5 2010年世界低渗透油藏EOR项目数调查汇总

国家	CO_2混相	CO_2非混相	烃混相	烃非混相	N_2非混相	化学驱	地下燃烧	总计	驱油方法所占比例/%
美国	83	1	2	1	3	3	11	104	89.7
加拿大	5		5					10	8.6
特立尼达		1						1	0.9
委内瑞拉						1		1	0.9
合计	88	2	7	1	3	4	11	116	100.0
项目数所占比例%	75.9	1.7	6.0	0.9	2.6	3.4	9.5	100.0	

因此，对于低渗透油藏，最有效的提高采收率方法为气驱和地下燃烧，化学驱（表面活性剂驱）也有一定潜力。

4.2.2 筛选标准

国内外对于低渗透油藏提高采收率方法尚无成熟的筛选标准，1984年美国国家石油委员会（NPC）提出了提高采收率方法筛选标准，2003年国内大庆油田起草了《提高采收率方法筛选技术规范》（SY/T 6575—2003，已废止），二者都是针对渗透率高于50mD的油藏。近年来提高采收率技术飞速发展，开展了大量的矿场试验，取得了很好的效果。并且大量的驱油剂产品不断涌现，突破了传统表面活性剂（石油磺酸盐）和聚合物（部分水解聚丙烯酰胺）对于油藏渗透率、温度和地层水矿化度的限制。低渗透油藏已大量投入开发，这些标准和规范没有得到及时更新，严重制约我国低渗透油藏三次采油技术的发展。

4.2.3 提高采收率方法筛选

我国低渗透油藏的渗透率一般低于50mD，大部分属裂缝性油藏，原油属常规轻油，密度小，黏度低，胶质沥青质含量低，凝固点和含蜡量较高，地层水矿化度较高，钙镁离子含量亦高。结合近年来国内外室内研究和矿场试验的成果，参考标准和规范对低渗透油藏提高采收率方法进行筛选。

4.2.3.1 化学驱

化学驱中只有表面活性剂适宜于低渗透油藏，主要是由于近年来大量耐温抗盐表面活性剂的不断涌现，突破了传统表面活性剂（石油磺酸盐类）的技术瓶颈，因此该方法可不受地层温度、矿化度和钙镁离子的限制。由于聚合物、碱容易和地层水中的钙镁离子反应，生成沉淀，并且在高矿化度下聚合物的增黏能力显著下降，注入性较差，因此，碱驱、聚合物驱以及由二者组成的复合驱（AS、SP、ASP等）不适合低渗透油藏。

4.2.3.2　气驱

气驱包括CO_2驱、N_2驱和空气驱。CO_2驱分为混相和非混相驱，对于我国低渗透油藏，由于油藏压力、温度的限制，最小混相压力（MMP）较高，适合CO_2混相驱的油藏并不多，但大部分油藏却适合非混相驱，不受温度、压力、原油黏度和渗透率的限制。近年来国内已探明数个富含CO_2的大型气藏，并且随着碳捕获、利用与封存（CCUS）技术的发展，大量的CO_2气体被捕集，为CO_2驱油提供了丰厚的基础。

N_2驱也分为混相驱和非混相驱，N_2的最小混相压力要高于CO_2，因此N_2混相驱适合的油藏也不多，大部分油藏也适合N_2非混相驱。N_2属于惰性气体，对油藏没有伤害，来源于空气，取之不尽，用之不竭，具有广阔的应用潜力。

国外的空气驱属于热采中的火烧油层技术，该方法在国外低渗透油藏中的应用较多。对于我国裂缝性油藏，该方法不适应。但是对于低温低渗透油藏，注空气在二次采油或交替注入空气-水的三次采油是可以采用的。

4.2.3.3　烃类驱

烃类驱包括烃混相驱和非混相驱，混相驱要求油藏埋深610～1500m，温度低于120℃，黏度低于5mPa·s，地层压力不低于最小混相压力，油藏厚度小于15m。对于非混相驱，油藏埋深、温度、地层压力等没有限制。由于烃类和原油的最小混相压力相对较小（低于CO_2），我国部分低渗透油藏适合烃混相驱，大部分适合烃非混相驱。

以上对低渗透油藏适宜的提高采收率方法进行了初步筛选，但对于某一特定油藏，结合某一特定的提高采收率方法，需要进行大量室内研究评价工作，并进行先导试验，才能最终确定。

4.2.4　我国低渗透油藏提高采收率方法的注入方式

由于我国低渗透油藏大都是裂缝性油藏，裂缝是主要的泄油通道，而注入的表面活性剂和气体的黏度很低，波及效率较低，容易沿着裂缝指进，并造成注入流体大量浪费。因此需要进行注入方式调整。

4.2.4.1　气水交替注入

气体（CO_2、N_2和空气等）的黏度很低，但是其扩散常数却很高，容易沿着裂缝指进，大量从生产井产出，降低了其利用率。可采用气水交替注入（WAG），扩大气体的波及效率及利用率。

4.2.4.2 表面活性剂+泡沫调驱

对于表面活性剂驱，可在其段塞中间加入气体（CO_2、N_2 和空气等）和发泡剂段塞，在地下产生泡沫，扩大表面活性剂驱的波及效率，并在裂缝对应的生产井，注入泡沫进行堵水，减少表面活性剂的产出，扩大表面活性剂的驱油效果。

4.2.4.3 泡沫增强气驱

在注气开发的油藏，注入泡沫调驱段塞或采用气体、泡沫交替注入方式，可在地下产生泡沫，封堵高渗透裂缝，扩大气体波及效率，并降低生产井的产气量，提高气体利用效率。

4.3 低渗透油藏驱油用表面活性剂的特征

低渗透油藏驱油用表面活性剂的主要特征是在高盐或（和）高温下保持良好的界面活性、热稳定性和起泡性（包括泡沫稳定性）等，而这些性能主要受油藏温度和地层水的矿化度（包括二价阳离子的含量）的影响。在研究表面活性剂的性能时，除了要考虑界面张力、耐温性和抗盐性、起泡性外，还应考虑驱油用表面活性剂的类型、分子结构、官能团和分子量等。

4.3.1 低渗透油藏温度和矿化度的划分

目前，国内外对于低渗透油藏温度和地层水矿化度的分类没有统一标准。赵福林将适合化学驱的油藏温度和矿化度进行了详细分类（表 4-6），但这个分类过细，并没有考虑到低渗透油藏和表面活性剂的性质。

表 4-6 油藏温度和矿化度的分类（赵福林）

条件＼油藏	低温（低盐）	中温（中盐）	低高温（低高盐）	中高温（中高盐）	高高温（高高盐）	特高温（特高盐）
温度/℃	＜70	70～80	80～90	90～120	120～150	150～180
矿化度/(g/L)	＜10	10～20	10～40	40～100	100～160	160～220

4.3.1.1 油藏温度

国内外对于油藏温度的划分大部分是从聚合物驱开始的，由于聚合物的稳定性强烈受温度的影响，普通聚丙烯酰胺的应用是限定在温度 70℃以下的油藏，所以国内外油田包括国内大庆、胜利等一般把70℃作为界限，低于该温度属低温（或普通）油藏，反之为高温油藏。20世纪80年代，由于使用了热稳定剂及除氧剂，普通聚丙烯酰胺的应用温度上升至80℃。由于大多数驱油用表面活性剂的热稳定性普遍高于聚合物，因此，结合低渗透油藏的特性，笔者将低渗透油藏的温度分为2类，低于80℃称为低温，高于80℃称为高温。

4.3.1.2 地层水含盐度（包括二价阳离子含量）

受油层深度和盆地构造（淡水盆地、盐湖盆地）的影响，低渗透油藏的矿化度（含盐度）普遍高于常规中、高渗透油藏。其中淡水盆地地层水的矿化度和二价阳离子含量相对较低，地层水大都为 $NaHCO_3$ 型；盐湖盆地地层水的矿化度和二价阳离子含量很高，矿化度可达220g/L，二价阳离子含量超过10g/L（青海油田、中原油田），地层水属 $CaCl_2$ 型，除了钙镁离子外，还含有大量锶、钡离子。因此，结合低渗透油藏地层水分析资料，笔者将低渗透油藏地层水含盐度分为2类：矿化度≤30g/L，二价阳离子含量≤1000mg/L，为低盐油藏；矿化度＞30g/L，二价阳离子含量＞1000mg/L，为高盐油藏。

因此，从目前探明的低渗透油藏分析资料来看，从温度和矿化度来分，大致可分为四类，即低温低盐、低温高盐、高温低盐、高温高盐油藏，如表4-7所示。

表4-7 油藏温度和矿化度的分类

条件 \ 油藏	低温低盐	低温高盐	高温低盐	高温高盐
温度/℃	≤80		＞80	
矿化度/(g/L)	≤30	30～80	≤30	30～80
二价阳离子/(mg/L)	≤1000	1000～5000	1000	1000～5000

（1）低温低盐油藏

低温低盐油藏包括大庆外围、吉林油田等，地层水属 $NaHCO_3$ 型，矿化度11～22.8g/L，二价阳离子＜350mg/L，油藏温度60～80℃。

（2）低温高盐油藏

低温高盐油藏包括鄂尔多斯盆地的长庆油田、延长油田，平均矿化度60g/L，二价阳离子5000mg/L，属 $CaCl_2$ 型，油藏温度30～80℃。

（3）高温低盐油藏

高温低盐油藏包括江苏油田、宝浪油田、华北油田、胜利油田等，地层水属 $NaHCO_3$ 型，矿化度11～25g/L，二价阳离子＜350mg/L，油藏温度86～110℃。

（4）高温高盐油藏

高温高盐油藏包括新疆、青海、玉门、中原油田等，油藏温度85～145℃，地层水矿化度31～220g/L，二价阳离子1000～12000mg/L，属$CaCl_2$型。有文献将这类油藏称为恶劣油藏。

4.3.2 适合低渗透油藏驱油用表面活性剂的特点

4.3.2.1 类型

适合低渗透油藏的表面活性剂类型主要包括阴离子型、非离子型和两性离子型等。其中阴离子（包括阴非离子）型表面活性剂的吸附量较低，非离子型的吸附量很高，两性离子型的吸附量居中。

（1）阴离子型

对于普通烷基苯或石油磺酸盐类驱油用表面活性剂，其耐盐度≤10g/L，抗二价阳离子≤350mg/L，适应温度可达100℃以上，但不适合高盐油藏。适合高温油藏的阴离子表面活性剂有阴-非离子羧酸盐或磺酸盐、α-烯烃磺酸盐（AOS）、内烯烃磺酸盐（IOS）、烷基醚磺酸盐等。这类表面活性剂的吸附滞留量较低，界面活性较高。

（2）非离子型

非离子型表面活性剂包括烷基醇聚氧乙烯醚、壬基酚聚氧乙烯醚和烷基糖苷等，对地层水矿化度不敏感，且后者耐温性大大高于前者，具有较好的发泡性和改变岩石润湿性的能力，但其降低界面张力的能力较弱，吸附滞留量较高。

（3）两性离子型

两性离子型表面活性剂主要包括甜菜碱系列（羧酸型、磺酸型或羟磺酸型），这类表面活性剂的耐盐耐温性和发泡性较好，在高温高盐条件下可将界面张力降至超低，其吸附滞留量介于阴离子型和非离子型表面活性剂之间，其中羟磺酸型甜菜碱的性能最好。

另外，近几年来还合成了一些Gemini型驱油剂，包括阳离子型和阴离子型，这类表面活性剂的活性大大优于普通表面活性剂，使用浓度更低。但产品少，价格高，未进行工业化生产。

4.3.2.2 分子结构

（1）阴离子型

Berger PD等研制出适合高温高盐油藏的表面活性剂，其分子结构式为$CH_3(CH_2)_xCH(SO_3Na)(CH_2)_yO(CH_2CH_2O)_nH$，其中$x+y=15$。Mohamed Aoudia在此基础上对比较适合高盐油藏的新型烷基醚磺酸盐进行了系统评价研究，指出该类表面活性剂是高矿化度（>200g/L）和相对高温（>80℃）油藏的候选表面活性剂。王业飞等研制出一种新型耐温抗盐表面活性剂 LF，其分子式为 $C_9H_{19}C_6H_4O(CH_2CH_2O)_8CH_2COONa$，其可溶于 30%的 NaCl 中，并且在含盐度大于 100g/L、$CaCl_2$ 浓度为 5000mg/L 的环境中具有较好的表面活性。

（2）非离子型

非离子型表面活性剂烷基醇聚氧乙烯醚，结构式为 $RO(CH_2CH_2O)_nH$，R 为碳原子数 8～16 的直链烷基，$n=3\sim15$；壬基酚聚氧乙烯醚，结构式为 $C_9H_{19}C_6H_4O(CH_2CH_2O)_nH$，$n=3\sim15$。其中壬基酚类表面活性剂的耐温性要高于烷基醇类，但具有生物毒性。这两类表面活性剂经过羧基化或磺化，生成阴-非离子表面活性剂，性能更加优越。

（3）两性离子型

Maddox Jr 等研制用于高温高盐油藏的表面活性剂，其分子结构式为 $RCONH(CH_2)_nN^+(CH_3)_2C_3H_6SO_3^-$，其中 R 为 $C_{12}\sim C_{24}$ 的烷基，$n=1\sim5$。丁伟等以壬基酚、环氧氯丙烷、二甲基丙二胺和亚硫酸钠等研制出一类新型羟磺基甜菜碱，结构式为 $C_9H_{19}C_6H_4OCH_2CH(OH)CH_2NH(CH_2)_3N^+(CH_3)_2CH_2CH(OH)SO_3^-$，在矿化度 32.3g/L，80℃下可将胜利原油和水间的界面张力降至超低。十四～十六烷基甜菜碱混合体系的耐盐度为 80g/L，抗二价阳离子可达 5000mg/L，但只能在 80℃以下的油藏使用。

上述表面活性剂大都含有氧乙烯基团（—CH_2CH_2O—），能够增强耐盐力，成为这些表面活性剂分子的结构特点。

4.3.2.3　官能团

适合高温油藏的表面活性剂的亲水基主要为阴离子、非离子和两性离子型，亲油基应用较多的为烷基芳基、长链烯烃类等。

Julian Barnes R 等以内烯烃磺酸盐（IOS）为例，研究表面活性剂的耐盐性，其结构式如图 4-1 所示。为提高其耐温抗盐性而加入的疏水链基

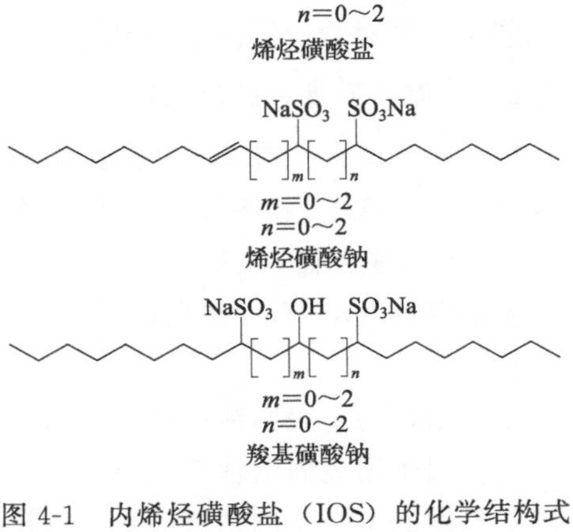

OH　SO_3Na
$n=0\sim2$
羧基烷磺酸钠

SO_3Na
$n=0\sim2$
烯烃磺酸盐

$NaSO_3$　SO_3Na
$m=0\sim2$
$n=0\sim2$
烯烃磺酸钠

$NaSO_3$　OH　SO_3Na
$m=0\sim2$
$n=0\sim2$
羧基磺酸钠

图 4-1　内烯烃磺酸盐（IOS）的化学结构式

团为支链含 16 或 17 个碳原子的烷氧基聚环氧丙烷-聚环氧乙烷磺酸盐，其结构式如图 4-2所示。

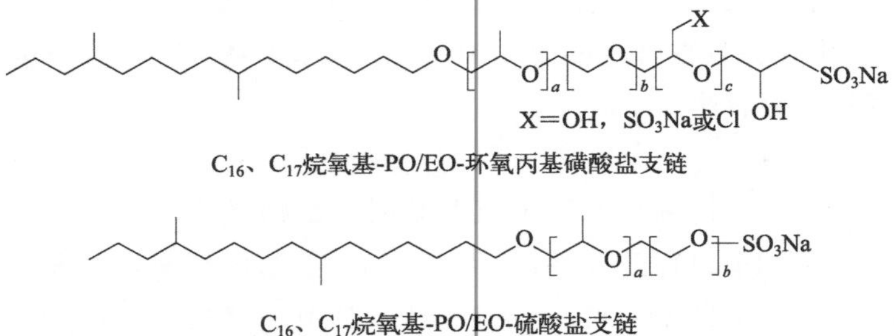

X=OH，SO_3Na或Cl

C_{16}、C_{17}烷氧基-PO/EO-环氧丙基磺酸盐支链

C_{16}、C_{17}烷氧基-PO/EO-硫酸盐支链

图 4-2　C_{16}、C_{17}烷氧基聚环氧丙烷（PO)-聚环氧乙烷（EO）磺酸盐和硫酸盐衍生物支链的化学结构式

IOS 非离子表面活性剂选择 C_{16}、C_{17}烷氧基聚环氧丙烷-聚环氧乙烷作为支链，在这类表面活性剂中加入 1 个连接基团［环氧乙烷（EO）或环氧丙烷(PO)］，将亲油的醇基与非离子磺酸盐或硫酸盐结合，用来改变分子的亲水亲油平衡值（HLB 值)，使其与油藏的含盐度及类型相匹配。

David Levitt B 报道，表面活性剂结构中加入支链亲油基能够形成一种较好的驱油剂，该类微乳液可以降低其形成胶束或液晶的可能性。在表面活性剂中加入 PO，对于提高表面活性剂对油藏条件的适应性是一种非常实用的方法。

国外有研究报道，目前常用 EO 和 PO 来提高表面活性剂对二价阳离子的忍耐性，其中 EO 是亲水的，PO 是中性的。因此增加 EO 数可以提高表面活性剂的耐盐性和对二价阳离子的忍耐性；PO 数的增加不会增加表面活性剂的亲水性，但可以使表面活性剂在较宽的含盐度范围内具有较好的界面活性，同时也能增强其对二价阳离子的忍耐性。

4.3.2.4　摩尔质量和碳链长度

Barriol 等指出，应用于含盐度为 30～80g/L、二价阳离子浓度为 0～15g/L、温度为 30～80℃ 油藏条件下的烷基芳基磺酸盐，其摩尔质量为 300～600g/mol，其中烷基含有 6～22 个碳原子。据报道，由 Witco 化学公司生产的、用于高温油藏的 TRS 石油磺酸盐含有 62％的烷基芳基磺酸盐（平均摩尔质量为 495g/mol)。

朱友谊认为，表面活性剂的摩尔质量对性能的影响因表面活性剂的类型而异。对于离子型表面活性剂，当亲水基选定后，其摩尔质量的大小仅由亲油基的碳链长度而定，亲油基碳链长度越长，摩尔质量越高，反之亦然。对于高温高盐油藏，一般选择高摩尔质量的表面活性剂。

摩尔质量大小与碳链长度相关联，碳链长度影响表面活性剂的最佳含盐度和增溶参数。Flatte 报道亲油基的碳原子数一般为 12～16，甚至可以达到 28。不同碳链长度的 IOS 表面活性剂的最佳含盐度和增溶参数如表 4-8 所示。带不同支链的 IOS 2024 样品的最佳含盐度、增溶参数与温度的关系如图 4-3 和图 4-4所示。支链越多，表面活性剂的最佳含盐度越高。随温度增加，支链多者溶解性增强。

表 4-8　IOS 系列表面活性剂的最佳含盐度和增溶参数

IOS	油	最佳含盐度/%	增溶参数	温度/℃
IOS 2024	正十二烷	8	6～10	70～90
IOS 2428	正十二烷	3	46～48	70～90
IOS 2024	正十二烷	6～7	6	120～150
IOS 2024	中国原油	4		120～150
IOS 2428	正十二烷	1	46～48	120～150
IOS 2428	中国原油	2.5		120～150

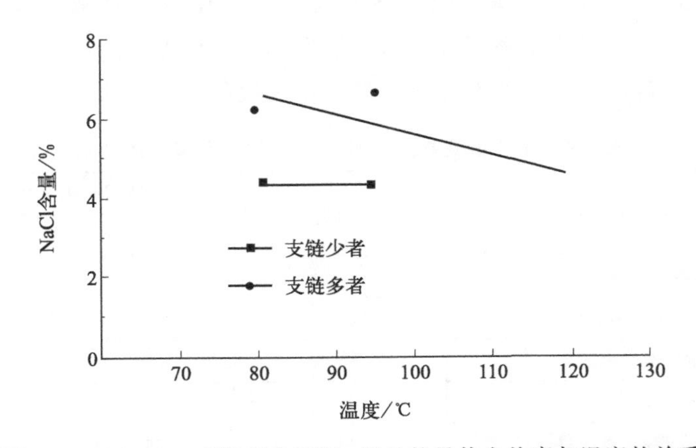

图 4-3　IOS 2024（带不同支链）样品的最佳含盐度与温度的关系

碳链长度的影响因表面活性剂的类型而异，不同类型表面活性剂的分子结构不同，含有碳原子数没有统一标准，但与特定油藏匹配的表面活性剂一般具有最佳的碳原子数。用于恶劣油藏条件下的表面活性剂，应具有较多的碳原子数和支链结构，以增强其耐温抗盐性，但是针对不同的表面活性剂均应有一个上限，如 IOS 2024 的性能优于 IOS 1518 和 IOS 2428。

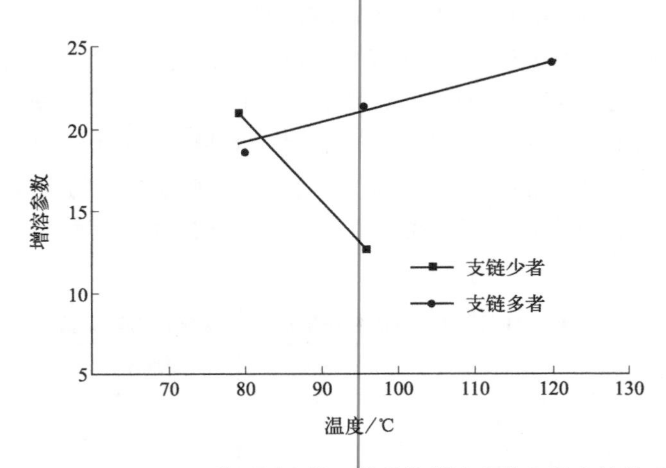

图 4-4 IOS 2024（带不同支链）样品的增溶参数与温度的关系

4.3.3 低渗透油藏驱油用表面活性剂

4.3.3.1 低温高盐油藏

适合低温高盐（包括低盐）油藏的表面活性剂主要有烷基芳基磺酸盐、脂肪醇聚氧乙烯醚磺酸盐、新型烷基醚磺酸盐、*N*-烷基甜菜碱、椰油酰胺羟丙基甜菜碱、烷基羟磺基甜菜碱，其适用条件如表 4-9 所示。这些表面活性剂的耐盐性还不够高，产品系列不齐全，仅有小规模的工业化生产。

表 4-9 用于低温高盐油藏条件下的常用表面活性剂

表面活性剂(体系)	适用温度/℃	适用矿化度/(g/L)	
		NaCl	二价阳离子
烷基芳基磺酸盐	80	110	2.5
脂肪醇聚氧乙烯醚磺酸盐	70	120	1.2
新型烷基醚磺酸盐	80	200	
N-烷基甜菜碱	80	65	5.0
椰油酰胺羟丙基甜菜碱	80	75	6.8
烷基羟磺基甜菜碱	80	84	9.2

4.3.3.2 高温高盐油藏

适合高温高盐油藏的表面活性剂包括单一表面活性剂和复配表面活性剂两类，其适用条件见表 4-10。除 α-烯烃磺酸盐已经形成工业化生产外，其余产品大都是室内研制或国外进口的表面活性剂，其应用受到很大限制。

表 4-10　用于高温高盐油藏条件下的常用表面活性剂

表面活性剂(体系)	适用温度/℃	适用矿化度/(g/L)	
		NaCl	二价阳离子
醚羧酸盐型/醚磷酸盐型复配体系	250	300	5
聚氧乙烯醚磺酸盐型	85	35.3	1
α-烯烃磺酸盐	95	180	12
ROS 表面活性剂	110	40	
Gemini 表面活性剂	280	200	
烷基芳基聚烷氧基乙烯磺酸盐	149	220	2
高碳数的内烯烃磺酸盐	300	12.46	
内烯烃磺酸盐/含 C_{16}、C_{17} 的脂肪醇聚氧乙烯醚阴离子表面活性剂	150	130	
LF 新型表面活性剂	87	100	5

4.3.3.3　存在的问题和研究方向

① 满足低渗透油藏驱油用表面活性剂的产品较少，且不成系列，难以满足现场试验的需要。

② 大部分表面活性剂的价格较高，严重降低表面活性剂驱油的经济效益。

目前的研究方向是根据低渗透油藏的特性，研制、开发和油藏流体配伍而且价廉的表面活性剂产品，进行工业化生产，满足低渗透油藏提高采收率的需要。

4.4　表面活性剂驱的注入方案

4.4.1　试验区的选择和资料收集整理

4.4.1.1　试验区的选择

试验区的选择应按照以下原则而定：

① 注入井和生产井的井况良好，生产正常；

② 注水设备和管线正常，水源稳定；

③ 剩余油饱和度较高；

④ 目的层无边水、底水或影响小；

⑤ 注水站空间较大，道路通畅。

4.4.1.2　资料收集整理

收集待定区块的地质资料、流体分析资料、开发资料和测试资料，具体如下：

（1）地质资料

地质资料包括面积、储量、油层深度、分层状况、有效厚度、孔隙度、渗透率、原始含油饱和度、油藏温度、油藏压力等。

（2）流体分析资料

流体分析资料包括原油和水质分析资料，原油分析包括黏度、密度、含蜡量、凝固点、族组分、馏分分析等；水包括地层水、注入水和产出水，其分析包括离子含量，参照不同时间注入水和产出水的分析结果。

（3）开发资料

开发资料包括历年来注入井注水数据（注入量和压力）、生产井的生产数据（产液量、产油量、含水率以及累积生产数据）以及作业（压裂、酸化等）情况。

（4）测试资料

测试资料包括注入井的吸水剖面、吸水指示曲线和压降曲线，生产井的动液面、压力恢复曲线、饱和度测试和示踪剂试验资料等。

根据以上资料可以确定待选区块的地质特征、开发状况和存在问题，结合试验区的选择原则，可以确定出表面活性剂驱的适应性。资料越全，对试验区的认识就越清楚。

4.4.2 表面活性剂的筛选及配方的确定

国外对于表面活性剂的选择采用两种方法，Jackson 和 Levitt 等描述了三步法用于选择表面活性剂及设计应用：

第一步，在认识表面活性剂化学结构及其与原油理化性质协同作用的基础上，列出 1 个表面活性剂清单；

第二步，筛选作为化学复配体系的表面活性剂，将其与原油混合进行相态实验，描述胶束增溶度（与界面张力有关）、黏度、平衡稳定时间和优选最佳含盐度等，用来进行相态评价；

第三步，用岩心驱油实验检验最优化方案。

Flaaten 详细介绍了第二步的实验过程，用一种经济快速的方法对表面活性剂进行筛选。Mojdeh Delshad 也提出了利用三步法优选化学驱油剂，与前者不同的是，他引进了油藏数值模拟器，利用一种自动输入模拟数据的经济模型来评价优选方案。

Fadili A 等设计开发了 2 个互补的程序来优选化学驱油剂：通过一个敏感

的工作流程，观察化学剂是如何改变流体的流动状态并达到平衡的；还有一个综合自动化模型，该模型可以通过油藏监视器改变注入化学剂的条件（类型、浓度），同时还可以控制经济条件。

以上方法主要是针对高浓度表面活性剂驱（胶束驱和微乳液驱）来进行的，表面活性剂的使用浓度很高（>2.0%），配方复杂且成本很高，项目的经济性较差。而目前在国内普遍采用低浓度表面活性剂驱，表面活性剂的浓度较低，约0.5%，有些甚至低至0.2%。由于浓度较低，表面活性剂形成胶束或微乳液的程度较低，上述方法难以适用。应根据选定试验区的油藏特性进行表面活性剂的筛选试验，包括溶解性、界面张力、耐盐性、热稳定性、驱油试验、吸附滞留量测定（具体见3.2）。初步确定出表面活性剂的驱油配方，为下一步数值模拟提供参考。

关于表面活性剂的配方，建议使用表面活性剂同系物（相同亲水基，不同碳链长度亲油基）进行复配，可达到降低界面张力、减少色谱分离和提高驱油效果的目的，能够进行长期注入。如果采用不同类型表面活性剂复配，由于低渗透油藏岩石比表面积很大，吸附量较高，色谱分离会严重降低复配体系的性能，不能进行长期注入，只能作为短期措施来使用（如增加注水井的注入能力）。

4.4.3　注入参数优化

通常通过室内试验可以确定出表面活性剂的注入浓度、段塞量，这些参数并不能直接用于现场试验，因为现场试验除了要考虑驱油效果外，更重要的是需要考虑经济效益。目前一般是通过数值模拟来进行的。

根据表面活性剂驱油非达西渗流特点，考虑启动压力梯度的变化及表面活性剂在油层中对流扩散和吸附滞留的影响，建立三维两相三组分表面活性剂驱油数学模型，给出表面活性剂吸附量新的理论计算公式。采用隐式求解压力、显式求解饱和度、隐式求解浓度差分方法建立数学模型，编制了相应的数值模拟软件。应用该软件对大庆油田朝522区块表面活性剂驱试验区进行数值模拟计算。

4.4.3.1　表面活性剂的注入浓度

不同表面活性剂注入浓度下各方案开发经济指标见表4-11和图4-5。可见，随着表面活性剂浓度的增加，注水井流压降低，注水量增加，采收率逐渐提高，但提高幅度逐渐变小。由于表面活性剂用量的增加将导致生产成本增大，根据经济评价结果，合理的段塞质量分数为1.0%。

表 4-11 不同段塞质量分数时各方案的净收益

方案号	质量分数/%	段塞量/PV	增加成本/10^4元	增加注水量/10^4m^3	井底流压/MPa	采收率增值/%	累积增油/10^4t	增加净收益/10^4元
1	0.5	0.02	16.9	0.974	23.10	0.88	0.216	228.2
2	1.0	0.02	33.8	1.331	22.80	1.37	0.336	347.8
3	1.5	0.02	50.7	1.428	22.60	1.42	0.348	344.7
4	2.0	0.02	67.6	1.504	22.30	1.47	0.360	341.8

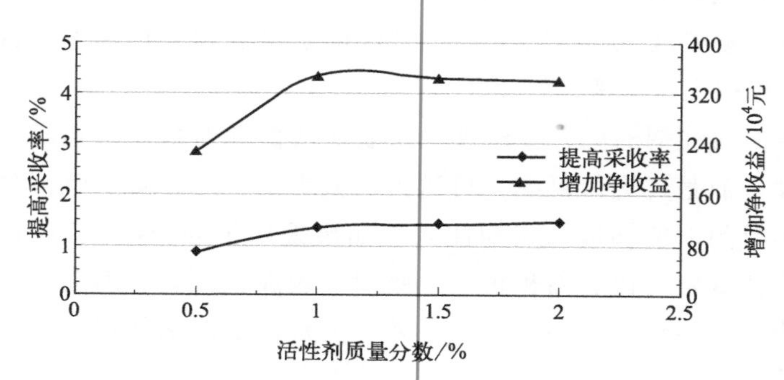

图 4-5 不同注入浓度时的提高采收率和增加净收益

(段塞量=0.02PV)

4.4.3.2 表面活性剂段塞体积

在方案 2 质量分数保持 1.0%不变的基础上，方案 5～8 段塞体积分别设计为 0.05PV、0.10PV、0.20PV、0.3PV，计算不同方案开发指标和经济指标见表 4-12 和图 4-6。可见，随着注入段塞体积的增加，采收率逐渐提高，但增幅越来越小，而成本费用逐渐增大，合理的段塞体积为 0.10PV，即选方案 6，此时的净收益最大。

表 4-12 不同段塞体积时各方案的技术指标和经济指标

方案号	质量分数/%	段塞体积/PV	增加成本/10^4元	增加注水量/10^4m^3	井底流压/MPa	采收率增值/%	累积增油/10^4t	增加净收益/10^4元
5	1.0	0.05	84.6	1.822	22.70	1.94	0.476	455.7
6	1.0	0.10	169.2	2.716	22.20	3.17	0.778	713.6
7	1.0	0.20	338.4	3.451	21.90	3.69	0.905	689.2
8	1.0	0.30	676.8	3.874	21.40	4.05	1.017	450.1

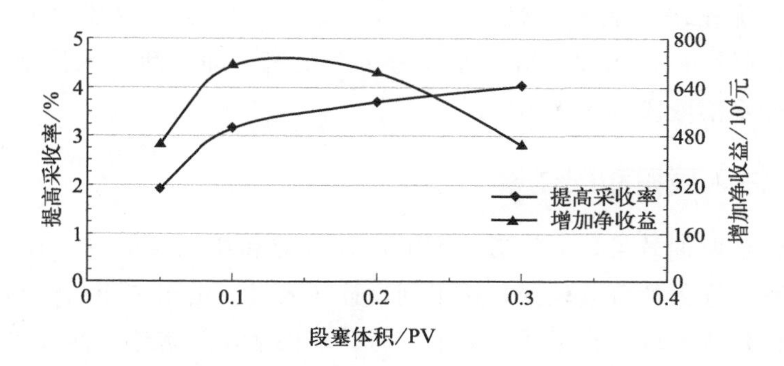

图 4-6　不同注入段塞量时的提高采收率和增加净收益
（质量分数＝1.0%）

4.4.3.3　注入段塞组合方式的确定

方案9～11以方案6为基础，分别按2、3、4个段塞进行注入，计算结果见表4-13和图4-7。可见，组合段塞注入效果要好于单个段塞连续注入，这是因为分段塞注入延长了表面活性剂的有效驱替时间，减少了表面活性剂在油层中的无效流动。但多段塞注入方式现场实施复杂，增加作业费用，考虑到方案9与方案10经济效益相差不大，为了施工方便，最终采用方案9。

表 4-13　不同段塞组合各方案的净收益

方案号	质量分数/%	段塞体积/PV	段塞组合	增加成本/10^4元	井底流压/MPa	采收率增值/%	累积增油/10^4t	增加净收益/10^4元
9	1.0	0.10	2	172.5	22.2	3.23	0.793	727.8
10	1.0	0.10	3	179.0	22.15	3.27	0.802	732.4
11	1.0	0.10	4	188.0	22.10	3.30	0.810	631.0

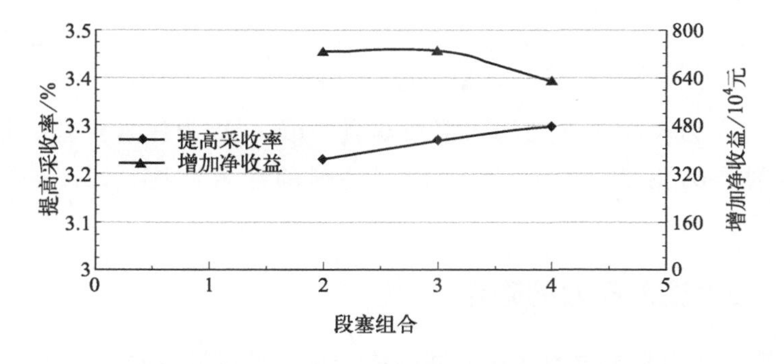

图 4-7　不同段塞组合时的提高采收率和增加净收益
（质量分数＝1.0%，段塞量＝0.10PV）

从以上优化确定表面活性剂注入方案为：活性水溶液段塞质量分数为1.0%，段塞量为0.10PV，组合方式为2个段塞，即（活性水溶液段塞＋水驱)＋(活性水溶液段塞＋水驱)。

4.4.4 注入层段和配注量

为了评价驱油效果，表面活性剂的注入量应和注水时保持一致。实际上，低渗透油藏的注入性普遍较低，达不到设计注入量。由于表面活性剂具有增加注入能力的作用，因此在干线压力不变时，表面活性剂溶液的注入量应高于水驱的注入量。应根据现场试验、不同注入井的注入情况进行调整，以满足恢复地层压力的需要。如此一来，表面活性剂的效果应包含表面活性剂驱油和增加注入量的效果。

4.4.5 表面活性剂用量计算

4.4.5.1 孔隙体积计算

根据试验区的面积、油层有效厚度、孔隙度 φ 计算出地层孔隙体积，如式(4-1) 所示：

$$V_p = SH\varphi \times 10^6 \tag{4-1}$$

式中，V_p 为地层孔隙体积，m^3；S 为试验区面积，km^2；H 为油层有效厚度，m；φ 为孔隙度。

4.4.5.2 总注入量计算

根据试验区的孔隙体积和设计的段塞体积计算出注入溶液的总量，再根据表面活性剂的设计注入浓度和有效含量计算出表面活性剂的用量，如式(4-2)、式(4-3) 所示：

$$Q_I = V_p X \tag{4-2}$$

$$M = Q_I C_I / w \tag{4-3}$$

式中，Q_I 为表面活性剂注入溶液总量，m^3；X 为注入段塞统计；M 为表面活性剂产品用量，t；C_I 为表面活性剂的注入浓度，%；w 为有效含量，%。

4.4.6 最大注入压力的确定

最大注入压力根据试验区注入井的注入量、吸水指示曲线、油藏压力测试资料和最大来水压力确定，总的原则是注入井井底压力应低于破裂压力，一般是以破裂压力的75%为上限。

4.5 低渗透油藏表面活性剂驱的注入工艺

与聚合物驱或三元复合驱相比，表面活性剂的注入工艺相对比较简单，易于操作。主要是在水驱的基础上，附加一些地面设备，按照设计的注入参数进行注入。

4.5.1 地面设备

注入设备包括表面活性剂储罐、溶解罐、注入泵、静态混合器以及流量计、压力表和阀门等。

4.5.1.1 储罐

由于大部分驱油用表面活性剂是液体产品，因此在现场设置储罐用于储存表面活性剂产品。储罐的材质可以是不锈钢、钢衬聚乙烯或玻璃钢。储罐的容积应根据现场的注入量、空间大小以及运输频率选择。鉴于表面活性剂的注入时间相对较长，应该对储罐进行保温，以防止极端低温下产品凝固或结冰影响注入，通常在储罐外面加盖活动板房，内建散热器以保温，储罐以卧式为宜，表面活性剂产品泵入储罐即可。

如果表面活性剂是以桶装产品到货，可以不用储罐，需建样品仓库，存放样品及空桶，仓库内同样需要进行保温。

4.5.1.2 溶解罐

如果表面活性剂产品是固体或高黏度液体，或者产品在水中的溶解需要加热等，就必须设置溶解罐。通常设置2个溶解罐，产品交替溶解配制成高浓度表面活性剂母液便于进行连续注入，溶解罐的容积应根据高浓度母液的用量和现场空间大小来定，通常为1～3m^3/个。溶解罐应附有搅拌器、加热器（根据需要）和液位指示，搅拌器转速不宜过高，以防止产生过多泡沫。

如果产品为中低黏度的液体，并且产品在冷水中的溶解度较好，就不必设置溶解罐。

4.5.1.3 注入泵

注入泵是表面活性剂注入的核心设备，它将高浓度表面活性剂原液或母液注入注水管线中。注入泵的压力和流量应根据表面活性剂的黏度、注水管线的压力和注水量选择。为了保证长期稳定注入，还应配备1台备用注入泵。

4.5.1.4 静态混合器

静态混合器基本工作机理是利用固定在管内的混合单元体改变流体在管内

的流动状态，以达到表面活性剂母液和注入水充分混合的目的。

4.5.1.5 其他设备

其他设备包括流量计、压力表和阀门（包括单向阀）等，用于显示注入量和压力等注入参数。

图 4-8 为一个表面活性剂简易注入流程示意图，表面活性剂产品通过流量计输送到注入泵，经加压后按照一定排量注入注水管线中，通过静态混合器混合均匀后分配到注入井中。

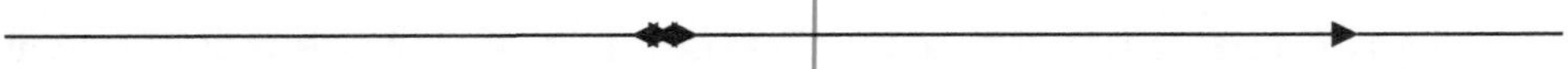

图 4-8 表面活性剂注入流程示意图

4.5.2 注入参数

4.5.2.1 表面活性剂产品日用量的计算

根据方案设计的最大注水量和表面活性剂的注入浓度以及产品的有效含量可以计算出表面活性剂产品的日用量，计算公式如式(4-4) 所示：

$$W=VC_{\mathrm{I}} \tag{4-4}$$

式中，W 为表面活性剂产品的日用量，m^3/d；V 为设计的最大注水量，m^3/d；C_{I} 为表面活性剂的注入浓度，%。

4.5.2.2 注入泵排量的计算和选型

以上述简易流程为例，根据表面活性剂的日用量，按照每天注入 24h，可以计算出注入泵的排量，计算公式如式(4-5) 所示：

$$V_1=\frac{1000W}{24} \tag{4-5}$$

式中，V_1 为注入泵的排量，L/h。

按照以下原则选择注入泵：

① 注入泵的排量≤理论最大排量的 75%；

② 注入泵的出口压力应高于注水管线的压力；

③ 依据表面活性剂的黏度、密度和腐蚀性选择注入泵。

通常选用容积式电动泵，如果表面活性剂是在增压注水泵之前加入，可选用电磁隔膜计量泵；如果表面活性剂是在增压注水泵之后加入，可选用容积式柱塞泵。

如果现场试验的规模较大，应先将表面活性剂配制成 10%左右的母液，利用柱塞计量泵将母液按照一定比例注入注水管线中，通过静态混合器混合均匀，然后分配到各个注入井。只需设计注入泵的排量和压力即可。

4.6 表面活性剂驱油的动态监测和效果评价

4.6.1 动态监测

动态监测的主要目的是通过定期检测试验前后注入和生产动态数据，了解表面活性剂驱油动态，以便进行注采调整，降低表面活性剂驱的风险并提高其驱油效果。

4.6.1.1 动态监测方案

除了水驱常规监测（注入量、注入压力、产液量、含水率、动液面和产出水离子含量分析等）外，还需定期进行以下检测。

(1) 注入液检测

定期检测注入液中表面活性剂的浓度和界面张力，确保注入液的质量。

(2) 注入井检测

吸水剖面检测：由于表面活性剂能够大幅度降低油水界面张力，因此，注入井不同吸水层段的启动压力会降低，吸水厚度增加，纵向波及效率提高。

(3) 生产井检测

生产井检测包括产出液表面活性剂产出浓度检测和原油组分检测。

① 表面活性剂产出浓度检测：定期检测生产井产出液中表面活性剂的浓度（主要受效方向生产井），通常情况下由于表面活性剂的注入量较小，加上在油藏的吸附滞留，产出液中表面活性剂浓度较低。但如果存在裂缝或高渗透条带，那么表面活性剂的产出浓度会很高，表面活性剂的大量产出会严重降低表面活性剂的驱油效率。必须进行注入井调剖或生产井堵水，也可以降低油井的产液量。

② 原油组分检测：原油组分检测包括原油族组分分析和饱和烃碳原子数分布，由于表面活性剂能改变岩石润湿性，致使吸附在岩石表面的重质原油组分被驱出，原油中胶质沥青质的含量增加，饱和烃平均分子量增加。YC油田W214块试验前后原油族组分分析结果见表4-14，饱和烃碳原子数分布如图4-9所示。可以看出，表面活性剂驱后，原油中胶质沥青质的含量从15.43%增加至17.61%；中值碳原子数从18升至21，饱和烃平均分子量从277.58升至287.61，平均碳原子数从19.65升至20.35。

表 4-14 YC 油田 W214 块原油族组分分析结果

项目	饱和烃/%	芳烃/%	胶质/%	沥青质/%	合计/%
试验前	68.23	16.34	11.73	3.70	100.00
试验后	63.28	19.11	12.12	5.49	100.00

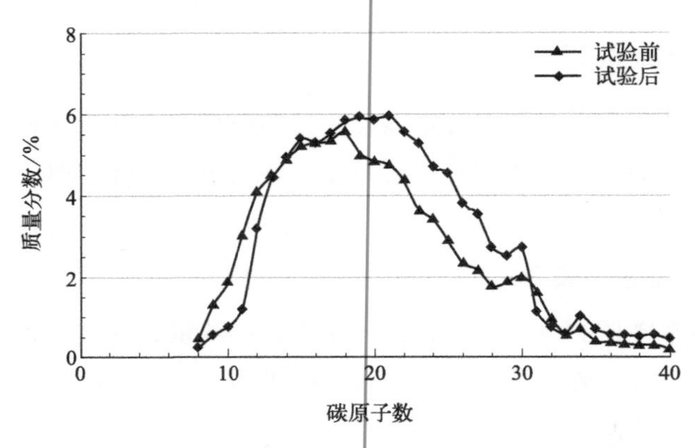

图 4-9 YC 油田 W214 块原油饱和烃碳原子数分布

③ 示踪剂检测：注水示踪剂通常用来检测平面水流方向、速度，了解注入井和生产井的连通状况，确定高渗透条带或裂缝方向和位置，便于进行动态调整。

4.6.1.2 注采调整

结合产液量、含水率、动液面、表面活性剂产出浓度等可以确定出注入液的主要渗流方向，如果产液量、含水率、动液面上升以及表面活性剂产出大幅增加，则必须进行注入方案调整。首先应结合吸水剖面测试结果对注入井进行调剖，降低高渗透层的吸水量并提高其他层位的吸水量；其次对高含水率生产井进行堵水，或降低其产液量，相应增加其他方向上生产井的产液量，扩大表面活性剂的波及效率。

4.6.2 效果评价方法

利用产量递减法、水驱特征曲线法和水驱历史拟合等方法计算出空白水驱阶段的产量、采收率和变化规律，外推确定表面活性剂驱阶段水驱的产油量(或采收率)，再根据表面活性剂驱阶段的实际产油量，计算出表面活性剂驱的增油量和采收率。空白水驱阶段产量的评价方法如下：

4.6.2.1 产量递减法

(1) 递减类型的确定

当油田进入产量递减阶段后，根据已经取得的生产数据，采用不同的方法，判断所属的递减类型，确定其递减参数，建立相应的经验公式，然后进行开发指标预测。通常采用的方法主要有典型曲线拟合法和二元回归法。所有这些方法，都建立在线性关系的基础上，以线性关系是否存在和相关系数的大小作为判断递减类型的主要标志。

(2) 典型递减曲线

典型递减曲线常用 Arps 经验公式统计模型，油田产量变化符合该模型，如式(4-6) 所示：

$$\frac{a}{a_0}=\left(\frac{Q}{Q_0}\right)^n \tag{4-6}$$

式中，a、a_0 分别为递减率和初始递减率；Q、Q_0 分别为产量和初始递减产量；n 为递减指数。各种曲线的递减类型见表 4-15，递减指数越大，产量递减越缓慢。

表 4-15 递减曲线类型

n 范围	递减类型	n 范围	递减类型
$n=-1$	直线递减	$n=0.5$	衰减递减
$n=0$	指数递减	$n=1$	调和递减
$0<n<1$，且 $n\neq0.5$	双曲线递减	$n>1$	双曲线递减

典型递减曲线类型包括指数递减、双曲线递减、衰减递减和调和递减等。

① 指数递减曲线。指数递减曲线的产量 Q 和时间 t 在半对数坐标系统呈直线关系：

$$\lg Q=\lg Q_0-\frac{a_0}{2.303}t \tag{4-7}$$

式中，$\lg Q_0$ 为直线截距；$-\frac{a_0}{2.303}$为直线斜率。

该递减类型属于递减指数 $n=0$ 的递减曲线，其累计产油量 N_p 和时间 t 的关系为：

$$N_p=(1-e^{-a_0 t})\frac{Q_0}{a_0} \tag{4-8}$$

② 双曲线递减曲线。递减率的倒数与时间呈直线关系：

$$\frac{1}{a}=\frac{1}{a_0}+nt \tag{4-9}$$

直线的截距等于初始递减率的倒数，斜率等于递减指数。

产量和时间的关系为：

$$\lg Q=\lg A-\frac{1}{n}\lg(B+t) \tag{4-10}$$

其中：

$$A=Q_0(na_0)^{\frac{1}{n}} \tag{4-11}$$

$$B=\frac{1}{na_0} \tag{4-12}$$

累计产油量和时间的关系为：

$$N_p=\frac{Q_0}{a_0(1-n)}\left[1-\frac{1}{(1+na_0t)^{\frac{1-n}{n}}}\right] \tag{4-13}$$

③ 衰减递减曲线。当油田生产进入递减期后，累计产量与时间的关系图像是一条衰减递减的曲线，当开发时间趋于无穷大时，累计产量趋于一常数a，即可采储量N_{pm}。关系式：

$$N_p=N_{pm}-B/t \tag{4-14}$$

这种递减的特点是递减指数$n=0.5$，递减率是初始递减率的1/2，其产量的表达式为：

$$Q=B/t^2 \tag{4-15}$$

④ 调和递减曲线。调和递减的递减指数$n=1$，其递减率和时间的关系式如下：

$$a=\frac{a_0}{1+a_0t} \tag{4-16}$$

产油量和累计产油量的关系表达式如下：

$$\lg Q=\lg Q_0-\frac{a_0}{2.303Q_0}N_p \tag{4-17}$$

累计产油量和时间的关系式如下：

$$N_p=Q_0/a_0\ln(1+a_0t) \tag{4-18}$$

4.6.2.2 水驱特征曲线法

水驱特征曲线法是直接利用油田的生产资料作图，回归计算，其方法比较简单，但计算结果可靠程度较高。因此，水驱特征曲线法在我国得到了广泛的重视和应用。

(1) 水驱特征曲线的表达式

水驱特征曲线分为甲型、乙型、丙型和丁型，具体如下。

① 甲型水驱特征曲线。甲型水驱特征曲线关系式为：

$$\lg W_p=a_1+b_1N_p \tag{4-19}$$

式中，W_p 为累积产水量，10^4t；N_p 为累积产油量，10^4t；a_1 为甲型水驱特征曲线的截距，与岩石和流体性质有关；b_1 为甲型水驱特征曲线的斜率，与地质条件、井网部署、管理措施和水驱动态储量有关。

其累积产油量和含水率的关系式为：

$$N_p=\frac{\lg\left(\frac{f_w}{1-f_w}\right)-c_1}{b_1} \tag{4-20}$$

式中，f_w 为含水率；常数项 c_1 可由下式计算。

$$c_1=a_1+\lg(2.303b_1) \tag{4-21}$$

当含水率 f_w 为0.98时，可以得出可采储量的表达式如下：

$$N_p=\frac{1.6902-c_1}{b_1} \tag{4-22}$$

② 乙型水驱特征曲线。乙型水驱曲线的表达式为：

$$\lg L_p=a_2+b_2N_p \tag{4-23}$$

式中，L_p 为累积产液量，10^4t；斜率 b_2 取决于地质储量；截距 a_2 取决于油水黏度比。

其累积产油量与含水率的关系式：

$$N_p=\frac{\lg\left(\frac{1}{1-f_w}\right)-c_2}{b_2} \tag{4-24}$$

当含水率 f_w 为0.98时，可以得出可采储量的关系式为：

$$N_p=\frac{1.6990-c_2}{b_2} \tag{4-25}$$

对于甲、乙型水驱特征曲线，其斜率相等，$b_1=b_2$，即同一油田两种水驱特征曲线是平行的；其截距的关系式为：

$$a_2=a_1+\lg(2.303b_1)。$$

③ 丙型水驱特征曲线。丙型水驱特征曲线的表达式为：

$$L_p/N_p=a_3+b_3L_p \tag{4-26}$$

其累积产油量与含水率的关系式为：

$$N_p=\frac{1-\sqrt{a_3(1-f_w)}}{b_3} \tag{4-27}$$

当含水率取为0.98，即 $f_w=98\%$时，由式(4-27) 得预测可采储量的关系式：

$$N_p=\frac{1-\sqrt{0.02a_3}}{b_3} \tag{4-28}$$

④ 丁型水驱特征曲线。丁型水驱特征曲线的表达式为：

$$L_p/N_p=a_4+b_4W_p \tag{4-29}$$

其累积产油量与含水率的关系式为：

$$N_p=\frac{1-\sqrt{(a_4-1)(1-f_w)/f_w}}{b_4} \tag{4-30}$$

当含水率取为0.98，即 $f_w=98\%$ 时，由式(4-30) 得预测可采储量的关系式为：

$$N_p=\frac{1-\sqrt{0.02041(a_4-1)}}{b_4} \tag{4-31}$$

(2) 水驱特征曲线的适用范围

① 甲型、乙型水驱特征曲线在高含水后期会产生上翘，一般发生在含水率达到95%时，若将经济极限含水率确定为95%，则外推结果是可靠的。

② 根据原油黏度选择水驱曲线的标准为：

(a) 原油黏度小于3mPa·s的层状油田和底水灰岩油田推荐使用丁型水驱曲线；

(b) 原油黏度为3～30mPa·s的层状油田推荐使用甲型和丙型水驱曲线；

(c) 原油黏度大于30mPa·s的层状油田推荐使用乙型水驱曲线。

③ 水驱特征曲线只应用于稳定注水的油田，当含水率达到一定程度以后才会出现直线区域，此时的含水率称为初始含水率，水驱曲线只有在初始含水率以后才能应用；应用直线趋势外推来预测水驱效果是其应用的基本方法。

(3) 水驱特征曲线的用途

以甲型水驱特征曲线为例，首先将 $\lg W_p$ 和 N_p 进行线性回归，确定出直线段的斜率和截距，然后进行计算，具体如下：

① 预测采收率：根据累积产油量和含水率的关系式计算在含水率为98%时的累积产油量，为可采储量，可采储量和地质储量的比值即采收率。这种预测仅适合无重大调整措施的注水区块，否则，需待措施完成后，恢复到稳定注水条件，方可应用。

② 预测产量（定液求产法）：在液量一定的情况下，通过求年度平均含水率即可求得年产油量，一般是按照迭代法求得年度含水率。

③ 计算波及效率：对于丙型水驱特征曲线，当达到经济极限含水率时，水驱油藏的极限波及效率表达式为：

$$E_{vl}=1-\sqrt{a_1(1-f_{wl})} \tag{4-32}$$

④ 不同开发措施的效果对比：对于同一开发层系，以甲型水驱曲线为例，绘制 $\lg W_p$ 和 N_p 曲线，根据不同开发措施（如井网调整、化学驱等），选择相应的直线段，确定直线的斜率和截距，外推计算可采储量和采收率，可以计算出相应措施的效果。

4.6.2.3 水驱历史拟合

利用商业数值模拟软件（Eclipse、UTCHEM 等）中的水驱历史拟合模块对试验区进行水驱历史拟合，得出试验区油井的含水率、产油量和产液量等变化规律，再通过数值模拟软件中的表面活性剂驱模块，计算出表面活性剂驱的效果。水驱历史拟合的步骤如下：

（1）地质模型的建立

根据试验区目的层的地质参数（孔隙度、渗透率以及分层状况）建立地质模型，划分网格数，利用内插法确定出每个网格的地质参数。

（2）历史拟合

对试验区内所有油井的产量、含水率等进行历史拟合，通常采用简化方式，即只对含水率进行历史拟合，不对产液量、产油量拟合，也不考虑历史上各类方案调整和措施，拟合到模型含水率与目前含水率相同为止，此时的采出程度就能真实反映油藏目前的采出程度。拟合工作量小，运算速度快，准确度较高，能满足方案设计和效果评价的需要。

4.6.3 效果评价实例

4.6.3.1 Y 油田生物活性复合驱油试验

2011～2013 年在 Y 油田 6 个采油厂 9 个区块开展了生物活性复合驱油（生物酶驱油剂和非离子 APG，采用驱油剂和水交替注入的方式进行注入）现场试验，试验区面积 $46km^2$，地质储量 3250×10^4t，共有注入井 177 口，受效井 531 口。试验前日产液 $1227.21m^3$，日产油 302.08t，综合含水率 71.0%；试验后日产液 $1721.5m^3$，日产油 503.21t，综合含水率 65.6%。日产液增加了 40.3%，产油量增加了 66.6%，综合含水率下降了 5.4%，平均单井增油 0.38t。截至 2013 年 12 月 31 日，9 个试验区累计增油 74044t，新增产值 2.4434 亿元，按照每吨油生产成本 1653 元计算，新增利润 1.22 亿元。

其中 FC 试验区试验层位为长 2 油层，渗透率 3.5mD，试验区面积 $4.76km^2$。共有注入井 44 口，一线生产井 157 口。从 2010 年 5 月 2 日开始注入试验，截至 2011 年 12 月底，有 3/4 的油井见效。日产液从 $229m^3$ 升至 244m³，综合含水率基本保持在 84%左右；日产油由 75t 升至 84t，增加了 9t。日产油曲线见图 4-10 所示。按照甲型水驱特征曲线（图 4-11）计算，水驱可采储量为 53.4948×10⁴t，注入生物活性复合驱油剂后，可采储量为 71.9287×10⁴t，增加 18.4339×10⁴t。

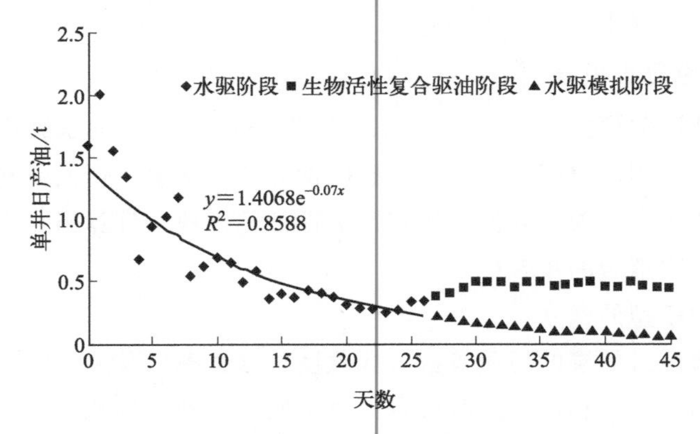

图 4-10　FC 试验区生物活性复合物日产油曲线

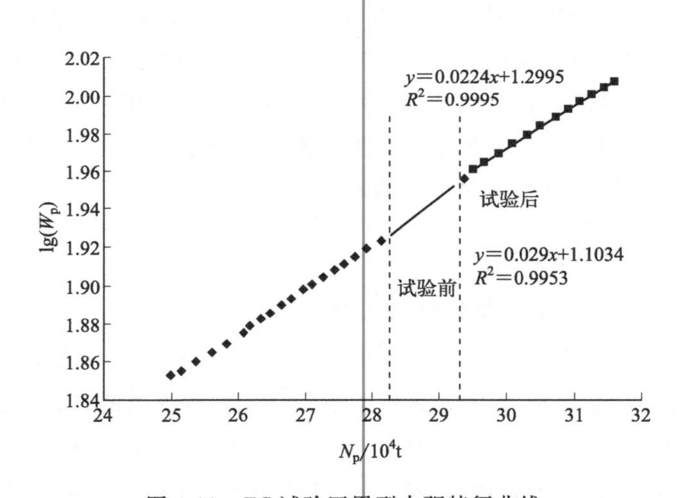

图 4-11　FC 试验区甲型水驱特征曲线

W214 试验区试验层位为长 2 油层，平均孔隙度 12.0%，渗透率 8.0mD，试验区面积 3.68km²，地质储量 274×10⁴t。共有注入井 9 口，一线生产井 41 口，从 2010 年 5 月 27 日开始试验，3 个月后油井陆续见效。截至 2012 年 7 月底，共注入驱油剂 0.41PV（270t），油井见效率 90%，日产液从 322.5m³ 升至 396.7m³；综合含水率由 65.3%降至 62.6%，降低了 2.7%；日产油由 74.88t 升至 105.18t(最大)，增加了 30.3t。日产油曲线如图 4-12 所示。根据甲型水驱特征曲线（图4-13）计算，水驱可采储量为26.2301×10⁴t，注入生物活性复合驱油剂后，可采储量为33.9570×10⁴t，增加7.7269×10⁴t。

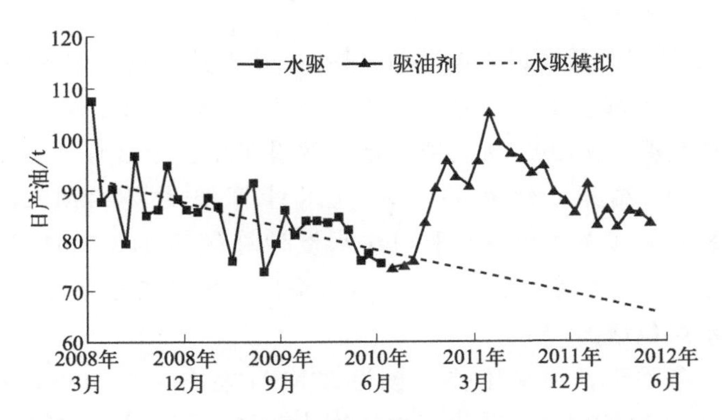

图4-12 W214试验区生物活性复合驱试验区日产油曲线

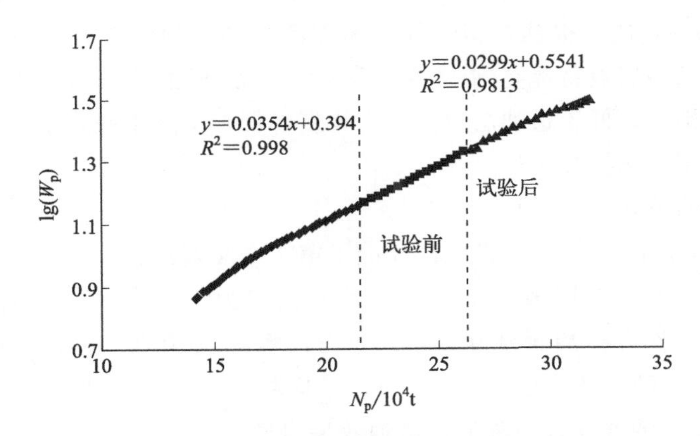

图4-13 W214试验区甲型水驱特征曲线

4.6.3.2 大庆朝阳沟油田表面活性剂驱试验

大庆朝阳沟油田表面活性剂试验区为朝82-152井区，包括4口水井和10口油井，平均渗透率为18.5mD，地质储量为24.6×10⁴t，综合含水率为82.9%，单井平均日产油为2.95t。4口水井于2002年1月投注，截至试验开始前的2004年1月，计划配注水量122.5m³/d，实际完成注水量98.3m³/d，水井流压为23.4MPa，达到破裂压力，但不能完成配注。因此，选择该区块开展表面活性剂驱降压增注试验。

表面活性剂驱油数值模拟开始前，首先进行水驱阶段历史拟合，计算含水饱和度和压力的场分布，作为初始值代入表面活性剂驱油模型，并预测了常规水驱最终采收率为32.34%。

根据数值模拟结果，注入浓度为1.0%，注入段塞体积为0.10PV，注入方式为表面活性剂+水驱交替注入，共交替注入2个轮次，试验效果如下：

（1）注入能力增加

2004年1月表面活性剂驱油试验开始，1个月后水井首先见到效果，注水井平均流动压力下降至22.9MPa，而日注水量上升到124.8m³，完成配注要求，注水量提高幅度为27.3%，降压增注效果明显。2004年1月至12月，根据数值模拟预测结果，注水井平均流压计算值为22.2MPa，实际值为22.7MPa，相对误差为2.3%；平均注水量计算值为122.5m³/d，实际值为128.9m³/d，相对误差为5.2%，启动压力降低，吸水能力提高。

（2）吸水层位增加

正常生产条件下，注采压差一般为22MPa左右，在300m井网条件下，驱替压差为0.073MPa/m，启动压力梯度大于该值的油层，常规水驱条件下不能有效动用。试验区平均单井有18个油层，常规水驱能够动用的为11个，占储量的60%左右。根据模拟计算，表面活性剂驱油试验开始后，平均单井低渗透储层动用层数将提高到14个，实际动用层数达到15个，提高了22%。表明试验开始后，低渗透油层启动压力梯度降低，一些不吸水层开始吸水，低渗透储层动用比例提高。

（3）增油效果

截至2004年12月底，试验区完成了第1个段塞的注入工作。平均含水率计算值为75.5%，实际值为74.2%，绝对误差为1.3%，含水率比试验前降低了8.7%；平均产油预测值为3.72t/d，实际值为3.89t/d，相对误差为4.6%。日产油量比试验前增加0.94t，平均单井增油幅度为31.5%，累积增油为3479.0t，油井含水率降低，增油效果明显。

（4）经济效益

原油价格为1450.0元/t，操作成本为550.0元/t，扣除投入费用86.0×10⁴元，到2004年12月底获纯经济效益261.9×10⁴元，投入产出比为1∶3，经济效益显著。

数值模拟结果与实际生产数据对比表明，主要开发指标的计算误差在6%以内，满足工程计算的要求。

第5章 表面活性剂驱产出液的破乳与污水处理技术

目前，油田开发普遍进入三次采油阶段。在三次采油中，化学驱油比较常见，常用的化学驱油方法包括碱驱、表面活性剂驱、聚合物驱、碱-聚合物驱、聚合物-表面活性剂驱、碱-表面活性剂驱和三元复合驱等。随着这些驱油方法及各种采油措施（如压裂、调剖、堵水等）的使用，油田开发的中后期都会出现破乳、脱水难的问题，尤其是在低渗透油层中的使用。前面也曾提及聚合物驱、碱驱不适合低渗透油层，而表面活性剂驱对提高低渗透油层的采收率具有重要价值。

表面活性剂驱被认为是一种驱油效果比较理想、有发展前途的方法，主要在于表面活性剂的驱油机理，其中，乳化作用是表面活性剂驱的重要机理之一，驱油用的表面活性剂，乳化效果一定要好，这样不仅可以提高洗油效率，而且能够提高波及效率，进而提高了原油采收率。但是，由于这种方法得到的采出液中有残留的表面活性剂，使得产出液的油水界面特征、稳定性以及产出液和污水处理都不同于一次采油和二次采油。

5.1 表面活性剂驱产出液的界面特征

表面活性剂的存在，改变了常规原油采出液的状态，乳化现象加重，稳定性增强，油水界面性质发生变化，主要表现在以下几个方面：

5.1.1 产出液界面张力降低

表面活性剂分子的两亲结构使其容易在油水界面上吸附，吸附的结果是大大降低了界面张力，而且随着表面活性剂浓度的增大，界面张力有减小的趋势。

5.1.2 产出液油水界面膜强度增大

表面活性剂分子在油水界面上吸附，形成具有一定机械强度的界面吸附膜，可阻碍液珠之间的碰撞聚结，防止液珠合并变大，对分散液珠具有保护作用，有利于乳状液的稳定，当表面活性剂与脂肪醇、脂肪酸及脂肪胺等极性有机物共同存在时，形成乳状液的界面膜强度会大为提高，稳定性增强。

雒贵明通过实验研究了表面活性剂对产出液液膜强度的影响，得出液膜（水膜和油膜）的强度都随着表面活性剂浓度的增加而增强，具体表现在排液时间与半衰期增大，破裂速度常数降低。这是因为随着表面活性剂浓度的增加，吸附膜上的分子数增多，表面活性剂在界面上排列紧密，从而显示出液膜强度随表面活性剂浓度的增加而增强的趋势。

5.1.3 zeta电位的变化

表面活性剂对油水界面扩散双电层zeta电位的影响机理为在低表面活性剂含量时，表面活性剂中界面活性较高的非离子表面活性剂吸附到油水界面上顶替了部分油水界面上原有的带有负电性的界面活性物质，使油水界面的负电荷密度降低，油水界面扩散双电层zeta电位升高；高表面活性剂含量下，表面活性剂中的阴离子表面活性剂分子吸附到油水界面上，使油水界面上的负电荷密度增大，导致油水界面扩散双电层zeta电位下降。

李杰训研究了烷基苯磺酸盐对油水界面扩散双电层zeta电位的影响，得出zeta电位随着表面活性剂含量的增高而降低。当表面活性剂含量在0～100mg/L时，随着表面活性剂含量的增高，zeta电位降低的幅度比较大，当表面活性剂含量在200～300mg/L时，随着表面活性剂含量的增高，zeta电位变化不明显。主要原因是表面活性剂吸附在油水界面上，使油水界面电负性增强，zeta电位降低，当表面活性剂含量达到200mg/L以后，油珠表面无法再继续吸附表面活性剂，使zeta电位不受表面活性剂含量增高的影响。

5.2 表面活性剂驱产出液的破乳技术与应用

原油含水会增加原油储运动力消耗，降低设备管道的利用率，加重管线设备的腐蚀、结垢，在炼厂深加工时会导致催化剂中毒，因此必须对乳状液进行破乳脱水。目前针对原油乳状液的破乳研究日渐深入，涉及的内容也十分广泛。可使油水分离的有效方法是降低油水界面膜强度，减弱界面膜对液滴聚并的动力学阻碍。

从热力学角度看，乳状液的破乳是必然结果，只是时间问题，但在油田实际生产过程中，考虑的因素比较多，比如生产效率、经济效益等，那么就需要采取一些措施，加快乳状液的破乳速度。截至目前，国内外已经研究并开发了多种原油乳状液的破乳方法，大体可以分为三类：机械法（主要包括重力沉降、离心沉降和过滤等）、物理法（主要包括加热法、电法、超声波处理及微波辐射等）、化学法（主要是加破乳剂）。而为了形成较完善的工艺过程，更快更好地达到破乳效果，油田上往往是将多种破乳方法结合起来使用。

表面活性剂驱作为一种使用较多的三次采油技术，它可以在一定程度上提高原油的采收率，经济效益非常明显，但同时也会使产出液的乳化状态变得很复杂，产出液中除了含有原油中的成膜物质（如沥青质、胶质、石油酸皂等）以外，还有残留的表面活性剂，这些因素使得产出液的稳定性显著增强，油水分离速度明显变慢，大大增加了产出液破乳脱水的难度。如何对此类乳状液进行快速有效的破乳分离是油田上一直在研究、解决和完善的事情。

目前，油田上针对表面活性剂驱产出液的破乳方法主要是加破乳剂，使用破乳剂对原油乳状液进行破乳不但操作简单，而且破乳效果好，因此是一种非常重要的破乳方法，在油田上得到广泛使用。当然，在加破乳剂的同时，还需要与其他的破乳方法配合使用，比如加热、使用电脱水器、超声波强化等等，形成一套处理工艺，以期达到较好的破乳效果。

单一的表面活性剂类型能够解决一些破乳问题，但是它们的专一性较强，一种破乳剂只适合某些地层、某些区域原油乳状液的破乳，使用范围比较窄，而且，随着采出液中驱油剂含量的升高，破乳剂的最佳用量增大。为了增强破乳剂对原油及破乳环境的适应性以及降低破乳剂的用量，可以利用破乳剂之间的协同作用，将两种或两种以上破乳剂进行复配，利用复配效应不但可以成倍增加原油破乳剂的品种数量，节约合成新产品所需的工作量，而且可以有效提高破乳效果，它是开发高效破乳剂的方法之一。

孙玉鹏针对郝家坪联合站表面活性剂驱产出液破乳脱水过程中存在的脱水速度慢、乳化层较厚、脱出水颜色发黑、含油量高等问题，研制了由两种聚醚复配而成的SWT-06破乳剂，经室内试验确定出最佳复配比例和最佳用量，并用于现场试验。郝家坪联合站每天处理产出液约1100m^3，产出液含水率25%左右，采用热化学法脱水，脱水温度30～35℃，按80mg/kg添加量加入SWT-06破乳剂，经过一段时间的破乳脱水，外输原油含水率降为0.2%，达到外输原油含水率低于0.5%的标准，而且乳化层下降明显，脱出污水水色较清，表明 SWT-06 破乳剂破乳脱水性能优良。

张瑞泉等使用复配型破乳剂 GFD410-8，对三元复合驱产出液进行处理，在碱（Na_2CO_3）添加量为 2000mg/kg、表面活性剂添加量为 600mg/kg、聚合物添加量为 600mg/kg 的 O/W 型三元复合驱产出液（含水率 70%）中投加 40mg/kg 破乳剂 GFD410-8，45℃下静置沉降 30min 后的油相水含量和水相含油量分别由未加破乳剂情况下的 66.7% 和 3346mg/L 降低到 30.0% 和 1366mg/L，达到了三元复合驱采出液经过 30min 静置沉降后油相水含量不大于 30%、水相含油量不大于 3000mg/L 的技术指标。

茹一飞研究了超声波强化作用对复合驱重质油产出液破乳的影响，在不加超声波的条件下，向产出液中加入复合破乳剂 FZOZ-3（由聚醚类破乳剂 ZOZ-3 和有机硅破乳剂 TN-1 按质量比 3∶1 复配）80mg/L，沉降 30min 后，产出液的脱水率为 59.2%；在功率为 125W、频率为 28kHz 的超声波作用 7min 条件下，加入等量的破乳剂 FZOZ-3，对产出液进行破乳，产出液沉降 30min 后，脱水率达到 87.2%。从实验数据可以看出，超声波强化作用可以显著提高破乳剂对产出液的破乳效果，而且若要达到同样的破乳效果，加超声所需的破乳剂的用量远小于不加超声所需的破乳剂的用量，由此可以看出，超声波强化作用可以显著减少破乳剂的用量。

韩忠娟等针对聚二元复合驱采出液油水分离困难的问题，开展了破乳脱水研究，通过实验优选出两种破乳剂，分别是丙烯酸改性酚醛树脂聚醚 ECY-05 和阳离子破乳剂 ECH-02，它们的最佳复配比例为 4∶1(复合破乳剂 HR)。在破乳温度为 50℃，沉降时间为 120min，聚合物浓度在 100～600mg/L、表面活性剂浓度在 200～1200mg/L 范围内，且该复合破乳剂 HR 的用量为 40mg/L 时，脱水率达到 70%～95%。若将热-化学沉降后的原油进一步采用电场处理，在电场强度 1500V/cm、温度 50℃、电脱水时间 20min 时，原油中含水率小于 1.0%。

王子梅对大庆油田二元驱采出液的性质、类型以及稳定性进行分析，筛选出一种专门用于处理该采出液的复合破乳剂 SY-8(S 破乳剂和 Y 破乳剂按4∶1 复配)，并且考察了破乳温度、破乳剂浓度、破乳时间对破乳效果的影响，在最佳破乳温度（50℃）、破乳剂浓度（30mg/L）、破乳时间（10h）情况下破乳，可使二元复合驱采出液的含水率降至 0.14%，表现出较好的破乳效果，可以有效提高二元驱采油的经济效益。

檀国荣等针对大庆油田高分子表面活性剂驱试验井的采出液，合成了 6 种原油破乳剂，并研究了油基破乳剂和水基破乳剂的配伍性，探讨了加入方式对破乳效果的影响。试验结果表明：单独使用油基破乳剂或水基破乳剂皆不能达到现场生产要求，在这6种破乳剂中，油基破乳剂YJ01与水基破乳剂SJ02具有良好的配伍性，并且协同作用最好，但是需采用分开加入的方式，这是因为SJ02对YJ01有抑制作用，分开加入可充分发挥YJ01对SJ02的促进作用。在破乳温度为40℃、破乳时间为30min的条件下，对试验区中心井PT5井、P26井采出液，使用50mg/L油基破乳剂YJ01破乳5min后，再加入50mg/L水基破乳剂SJ02进行破乳时，水相含油率分别降到213mg/L、451mg/L，油相含水率都降到13%，达到现场生产要求。

吴迪等采用将油溶性聚醚型破乳剂与水溶性非离子型药剂复合的方法，研制出一种乳液型破乳剂，对于处理聚北-1联合站的三元复合驱产出液具有很好的效果。在含水率为89.7%，水相pH、烷基苯磺酸盐表面活性剂含量、部分水解聚丙烯酰胺含量分别为8.93、52.8mg/L、347.5mg/L的产出液中，投加60mg/L的上述复合破乳剂，再经过游离水脱除器（处理温度42～43℃)-电脱水器（处理温度42～43℃）产出液处理工艺处理，原油含水率在0.3%以下。

杨青等以某油田二元复合驱采出液为研究对象，分析了其理化特性及微观形态，并结合现场工艺特点优选开发了DS高效破乳剂（D5、G13、G8复配比为3∶7∶1)，该破乳剂不但分水速度快，且对水相残余油滴具有良好的集滤作用。在DS投量50mg/L，处理1h的条件下，复合二元驱产出液水相含油仅224.2mg/L，因此DS破乳剂破乳性能良好，可以有效解决该站采出液破乳问题。

总之，目前油田上主要还是通过向产出液中加入破乳剂，再配合其他物理手段（如加热、使用电脱水器、超声波、微波强化等）对产出液进行破乳脱水，所以，研发高效破乳剂仍然是提高油田生产效益的主要方向。

5.3 表面活性剂驱产出污水的处理技术与应用

产出液经过破乳沉降和电化学脱水等油水分离工艺而分离出来的水称为产出污水，产出污水处理主要是除去水中的油、悬浮物和其他对回注水有影响、易造成注水系统腐蚀、结垢的不利成分，以及外排有可能污染环境的成分。由于各个油田或者区块的水质成分差异较大、处理后的水质要求也不一样，因此处理工艺有所不同。目前国内外应用的油田污水常规处理技术主要分为以下几种：物理处理法（包括重力分离、离心分离、粗粒化、过滤、膜分离等）、化学处理法（包括化学絮凝法、电化学法、化学氧化法等）、物理化学处理法（包括气浮法、磁吸附性分离法、吸附法等）、生化处理法（包括活性污泥法、生物膜法、稳定塘法、土地处理法等)。

表面活性剂驱产出污水中不但含有常规采油污水所含的污染物，还有大量残留的表面活性剂，表面活性剂不但会在油水界面发生单层、多层吸附，降低油水间的界面张力，而且可以与污水中的其他组分作用，使污水成分复杂、乳化现象严重，加之其中混合有聚合物，使此类污水采用常规的处理技术难以达标，为了使处理后的水质达到外排标准和注水水质要求，满足油田发展的需要，需要寻求更有效的方法处理该类污水。

5.3.1 油水分离技术的改进

从技术上入手，采油污水常用的处理方法为水力旋流法。水力旋流法是利用水力旋流器，针对污水中不同密度互不相溶的油、水进行离心力原理的分解，达到油水分离的目的，具有高速、便利的特点。然而，水力旋流器的设计是让三次采油污水高速转动，这样容易使污水形成二次乳化作用，油水分离更加困难。

孙立莹等研发出一种新型水力旋流器——微孔注气式旋流器，它克服了常规液-液水力旋流器的缺点，将气浮选技术应用于旋流分离领域，具有旋流分离和气浮选的双重功效，而且其有效浮选浓度下限小、浮选速度快且浮选成本低，具备除油和除悬浮物的双重作用，能够非常有效地处理乳化污水，使处理后的水质达到回注的标准，保证了污水的采注平衡且避免了污水外排，保护了环境。微孔注气式旋流器因其投入低、占地小、创造效益大等优点，现已被各大油田引用到现场。

5.3.2 研制新型化学药剂

化学沉淀法在污水处理中被广泛采用，它是向废水中投加某些化学药剂使之与废水中污染物发生化学反应，形成难溶的固体生成物，然后进行固液分离，从而除去水中污染物的一种方法。但是常规的污水处理剂，处理效果差、沉降速度慢、药剂费偏高，而且试剂成分存在二次污染问题，对环境也会有一定的影响，因此，研制开发新型污水处理剂非常必要。

CN105174401A 发明了一种高效污水处理剂，成分包括聚合三氯化铁、过硫酸钾、聚乙烯亚胺、三氧化二铝粉、硅藻土和石膏粉，按质量分数计为：聚合三氯化铁 20%～30%、过硫酸钾 15%～25%、聚乙烯亚胺 10%～25%、三氧化二铝粉 20%～35%、硅藻土 10%～20%、石膏粉 10%～20%，该污水处理药剂纯度高、无杂质、无粉尘。污水中加入该药剂后，悬浮物立刻絮凝，生成的矾花大，沉淀快速，效率高，絮团强度高，疏水性能好，利于压滤，处理后出水水质好。

CN104909442A公开了一种油田含油污水处理剂，它主要解决了现有污水处理剂处理后油田含油废水化学需氧量（COD）、重金属含量仍然很高的问题。该处理剂的组分及配比按质量分数如下：pH值调节剂（氢氧化钠）0.5%～1.0%，除重金属剂（氧化钙70%，亚硫酸氢钠30%）0.7%～1.0%，除氧化物剂（双氧水）1.0%～1.5%，絮凝剂（硫酸铝）0.5%～1.0%，助凝剂（阴离子聚丙烯酰胺）0.05%～0.1%，脱色剂（次氯酸钙）0.2%～0.5%，疏水剂（纳米二氧化钛）0.3%～0.5%。在药剂添加总量3%的情况下，通过配合四级精细过滤环节对含油污水进行处理，处理后的水质污染物指标均在国家污染物控制标准之内，可用于油田回注用水，也可用于绿化降尘，使油田污水由原来的有害状态转化为再生水资源，不但解决了油田污水对环境潜在污染的风险，而且实现了油田污水的资源化再利用。

CN105016421A发明了一种含油污水处理剂，由破乳剂、絮凝剂、表面活性剂及溶剂组成，各组分的质量份数为破乳剂25～35份、絮凝剂5～10份、表面活性剂5～10份、溶剂50～80份，能够同时起到破乳、絮凝、架桥、起泡的作用，对污水中的细小油珠和乳化油有很好的处理效果，其中的破乳剂、絮凝剂、表面活性剂都是由几种物质复配而成，利用几种物质复配产生的协同效应，大大增加了各种药剂的处理效果，同时各组分中具有的羟基、胺基、磺酸基等官能团电荷密度高，破乳性好，水溶性好。该复合含油污水处理剂的用量小，除油率高，特别适用于高浓度含油污水的处理。将该处理剂投加到含油量为1020mg/L的污水中，投加量10mg/L，反应完全后，除油率达到97.4%。

化学絮凝法是污水处理中十分有效和关键的方法，絮凝剂更是其中的关键，絮凝剂可分为无机絮凝剂、有机高分子絮凝剂、微生物絮凝剂和矿物类助凝剂四大类。无机絮凝剂可以处理各种成分复杂的水，适用性强，可有效地去除细微悬浮颗粒，但其投入量大，目前很少单独使用。与无机絮凝剂相比，有机高分子絮凝剂具有用量少、絮凝速度快、生成污泥量少等特点，但存在有效浓度范围窄、使用成本高等问题。因此将两者配合使用可改善单一药剂的不足，提高综合处理效果。

CN101531415A公开了一种用于油田含油污水处理的锌盐-聚胺盐复合絮凝剂，是一种新型无机-有机复合絮凝体系，它是利用聚胺盐与锌盐之间的络合作用，提高对污染物的捕集，达到处理速度快、除油能力强的效果，特别适用于高含油高浊度污水的处理，用于油田开采后期的污水处理，具有除油除浊效率高、絮凝速度快、加药量低等显著优点。该复合絮凝剂是由锌盐、聚胺盐、丙酮、pH 值调节剂及水组成，各组分的质量分数为：锌盐 5.0%～40.0%，聚胺盐 5.0%～10.0%，丙酮 5.0%～10.0%。pH5～6，余量为水。该复合絮凝剂外观为红棕色液体。用不同配比的氯化锌-聚胺盐复合体系对含油污水处理时，不仅加药量远低于聚二甲基二烯丙基氯化铵（PDMDAAC）/$AlCl_3$ 体系，而且产生的絮体较大、严实、沉降速度较快，处理后的水浊度低，具体处理效果如表 5-1 所示。

表 5-1　不同配比的絮凝剂产品的处理效果

复合絮凝剂质量配比（聚胺盐：氯化锌：水：丙酮）	加量/(mg/L)	出现絮体的时间/min	絮凝沉降时间/min	浊度/NTU
2.5：2.5：3：1	20	1.33	2.33	9.1
2.5：2.5：3：3	20	1.37	2.26	6.1
2.5：7.5：3：3	20	6.08	2.13	7.8
2.5：10：3：3	20	2.28	2.18	8.2
PDMDAAC/$AlCl_3$	100	7.93	6.27	21.5

5.3.3　开发新型吸附材料

近年来，为方便快捷地清理水面浮油，吸油材料的研究与应用发展非常迅速，使用吸油材料成为实现油水分离的主要方法。沸石、活性炭、稻壳、有机黏土等一直被看作最适合用于水面油污处理的材料，还有人工合成的高分子聚合物，如聚氨酯、聚乙烯、聚丙烯等，具有吸油量大、吸油效果好等优点，它们被广泛地应用于工业生产的各个方面，尤其在废水的治理和资源化中发挥着重要的作用。

CN104190355A 发明了一种用于处理采油污水的多孔碳材料，这种多孔碳材料结构和性能稳定，孔径分布均匀，孔隙率高且具有新型开放孔道，可以吸附污水中的乳化油。它是利用高温炭化磺基水杨酸钠制备的，制备方法为先将磺基水杨酸钠置于管式炉中，在惰性气体中于 800～900℃煅烧至少 2h，然后冷却至室温后研磨，放入去离子水中，再加入稀盐酸，超声分散至均匀，搅拌后水洗至中性，过滤、烘干后研磨充分，即可制得纯净的多孔炭材料。

CN105176495A 公开了一种聚苯乙烯吸油材料的制备方法。制备方法为先制备氨基功能化的 SiO_2 纳米粒子，再制备中空的聚苯乙烯材料并分散于十二烷基苯磺酸钠水溶液中，然后制备油酸修饰的 Fe_3O_4 纳米粒子，将磁性粒子分散于苯乙烯单体中，再将 Fe_3O_4 和苯乙烯的悬浮液与十二烷基苯磺酸钠水溶液混合，最后将所制得的两种悬浮液混合搅拌后加入过氧化苯甲酰并引发聚合反应，得到所述吸油材料。该吸油材料具有制备方法简单、原料易得、可磁性分离、对生物相容性好、无毒无害、不会产生水体二次污染、可重复利用等优点，适用于含油污水的处理、水体净化等方面，可大规模制备。

聚四氟乙烯纤维（PTFE）是一种新型的吸附材料，它不但具有普通纤维材料孔隙率高、截污能力强等优点，而且还具有优良的耐高温和拒水拒油性能，克服了普通纤维材料容易黏附油污不易反洗，导致滤料黏结成块而报废的缺点。杨景等研究了聚四氟乙烯纤维对含聚合物和表面活性剂类油田污水的处理情况，测定了聚四氟乙烯纤维材料的吸附等温线，以及温度、pH对吸附性能的影响，得出如下结论：在初始含油浓度为90mg/L，温度为50℃，pH=3时，吸附效果最好，最大吸附量为42.26mg/g。该纤维材料易反洗，再生能力强，经过30次的吸附/反洗以后，它对含油污水的吸附量为24mg/g，远没有达到滤料的饱和吸附量（约32mg/g），表明它可循环使用。

5.3.4 培养新型活性污泥

CN104891648A发明了一种三元复合驱含油污水处理用活性污泥的培养方法，培养方法如下：将活性污泥加入生化池中，使活性污泥的沉降比为20%～30%，预曝气20～30d；将生化池的部分上清液排出，然后补充添加三元复合驱含油污水，闷曝48～72h，并重复步骤8～12次，该过程添加葡萄糖、尿素和磷酸二氢钾；以2.5～3.5m^3/h的速度连续添加三元复合驱含油污水，连续运行30～50d即可。该活性污泥体系含有细菌—植物型鞭毛虫—动物型鞭毛虫—游泳型纤毛虫—固定型纤毛虫—钟虫、轮虫等，耐冲击性强，对三元复合驱采出水中的原油和悬浮物有很好的去除效果，最后出水能够达到含油量≤10mg/L，悬浮物≤20mg/L，粒径中值≤3μm。

将含油量为28.07mg/L、悬浮物含量93.3mg/L的三元复合驱含油污水先在曝气罐中破乳，气水比25∶1，停留时间8h；破乳后的出水进入溶气气浮装置，停留时间2.5h，回流比25%，经过曝气破乳和气浮后能够去除70%～80%的含油；然后将气浮后的污水通入生化池进行处理，生化池中放置有该活性污泥，对污水中经活性污泥处理前后的含油和悬浮物进行测定，达到油田三元复合驱回注水质指标（含油量0.31mg/L，悬浮物19.3mg/L）。

5.3.5 开发高效污水处理装置/工艺

三次采油污水是一种黏度大、乳化程度高、难生物降解的有机污水，处理难度比较大，使用传统的工艺处理三次采油污水，含油量基本在1000mg/L左右。这些含油量相当高的采油污水不仅会造成采油污水处理设施的非正常运转，而且会使油田环境受到严重的污染。然而，目前在国内外尚没有成熟的技术可以借鉴，因此，研发适合处理三次采油污水的装置和工艺技术成为亟待解决的问题。

曹振锟等根据“浅池理论”研制开发了组合式沉降分离装置，专门用于处理三元复合驱含油污水。它是利用交叉流斜板，使油珠聚结加速上浮，固体物质加速沉降，从而达到分离的目的。与沉降罐相比，该组合装置具有出水水质好、处理效率高、占地少的特点。

CN104591325A 公开了一种专门用于处理三次采油污水的装置，它是由污水泵、闪蒸塔、压缩机、换热器、节流阀、真空泵、浓缩污水池和清水池组成。该装置处理污水的步骤如下：油田污水经污水泵导入闪蒸塔中，污水由进液口进入，经喷淋器向上喷洒到闪蒸塔后发生闪蒸，蒸发的蒸汽向上由孔板器进入上部空间，与冷凝器换热冷凝后聚集到孔板器的冷凝水流道，从清水出口排出至清水池；未闪蒸的浓缩污水向下聚集到未闪蒸汽化浓缩污水沉降腔，由浓缩污水出口排出至浓缩污水池，由此实现了污水制清水的过程。

陈雷等通过在处理工艺中添加聚结反应器来提高处理效果，采用工艺：原水→聚结反应器→斜板沉降→砂滤→回注。含油污水进入聚结装置，聚结材料使油粒相互聚结，形成直径较大的颗粒，易于重力分离，同时去除污水中的浮油；在后续的斜板沉淀工艺中，变大的油粒依靠密度差实现有效的油水分离，悬浮固体含量也得到部分去除；石英砂过滤处理可将水中残余的油粒、悬浮固体去除。整个工艺流程未投加任何药剂，处理后出水水质满足回注水质要求，可作为三元复合驱采回注用水处理工艺。

CN101508509 提出了一种采油污水深度处理与回用的交互处理工艺。它耦合了气浮除油、生物处理和膜分离工艺，结合了各种技术的优势，对采油污水有很好的处理效果。具体处理过程如下：采油污水首先进入气浮池，并在气浮池内加入高效多态聚合除油剂，污水在气浮池内的水力停留时间为 0.3～0.5h，通过气浮除油的污水进入生物载体填料区，在生物载体填料上固定有高效降解含油污水的生物菌种 Zoogloeasp-PX.01，该生物菌种对水中的残余油类、烃类进行高效生物降解，出来的水再经过膜分离区进行固液分离，经过膜分离区的出水可以加入环保型阻垢剂、缓蚀剂后，进行油田回注。废水进入生物载体填料区与固液分离的水力停留时间为 2.8～3h。该发明实现了在较短水力停留时间、较高容积负荷下对水中污染物的高效处理。

CN104326596A 提供了一种含油污水处理系统，可以对不同种类污水进行处理，达到同时除杂与除油的效果。它包括依次连接的污水入口、加药装置、混凝沉降装置、过滤和油水分离装置，其中加药混凝沉降装置外接压滤装置，整体装置如图 5-1 所示。处理含油污水的操作步骤为含油污水通过污水入口

1后与加药装置2投加的水处理剂在管道混凝器3中充分反应，在缓冲沉降罐4中放置澄清，反应后的底层杂质通过缓冲沉降罐4底部的杂质出口进入板框压滤机5，将杂质挤压成块，便于集中运输处理，处理后污水进入过滤装置6，保证处理后的含油污水中无残余悬浮物颗粒，再进入油水分离装置7，经油水分离作用，污油通过污油出口8回收利用，污水出口9排出的废水可直接排放或有其他用途。相比较目前单一处理方法，该系统采用物理-化学-物理处理步骤，不但能完全除去污水中的钙镁等离子和悬浮物，还能够除去其中的油类物质，处理种类多且每步处理侧重点不同，处理后的水可以达到排放标准，而且将处理后杂质挤压成块，便于运输。

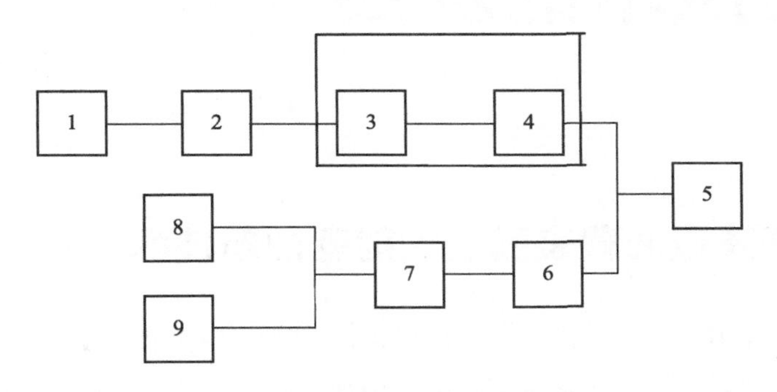

图5-1 含油污水处理系统

1—污水入口；2—加药装置；3—管道混凝器；4—缓冲沉降罐；
5—板框压滤机；6—过滤装置；7—油水分离装置；
8—污油出口；9—污水出口

5.3.6 其他处理方法

陈颖等制备了一种纳米催化剂聚合硫酸铁（PFS）-TiO_2，通过向三元复合驱污水中投加该催化剂，用125W自镇流高压汞灯照射来处理污水，即利用光催化氧化法来处理含油污水，整个处理过程是通过纳米TiO_2的强吸附作用将水中胶体粒子捕获后，再通过PFS的吸附电中和、架桥作用以及沉淀网捕使胶体粒子脱稳聚集进而絮凝沉降来完成的。实验得出当PFS与TiO_2物质的量比值为0.1∶1、纳米催化剂的加量为0.8g/L、pH在7～9之间，反应时间为40min时，处理效果最佳，含油污水中油、固体悬浮物的去除率分别为94.1%、96.4%，该催化剂还具有投加量少，沉降速度快等优点。

第6章 低渗透油藏表面活性剂驱油技术的发展

6.1 低渗透油藏表面活性剂驱油新技术

目前，我国大部分物理性质较好的油区已进入高含水阶段，产油量大幅度下降，而我国对石油的需求量却在不断增加，因此，开发其他类型的油藏以保障国内石油的稳定供给显得非常重要。低渗、特低渗油藏在我国的分布非常广泛，其石油储量占到石油总储量的1/4，而且随着对该类油藏的开发，其所占比例还在增加，有着巨大的资源潜能，所以，低渗、特低渗油藏将成为以后油田开发的重点。

低渗透油藏的主要特征是渗透率低，孔隙细小，结构复杂，流体渗流时受相界面的作用强烈，渗流的阻力大，渗流规律在一定程度上发生变化而偏离达西定律。这些特点导致低渗透油层在开发过程中，注水压力高、常规水驱的采收率低、单井日产量小、产量下降快、开发效果差。而目前在中、高渗透油藏条件下成功推广的大幅度提高采收率技术，如聚合物驱、三元复合驱、混相驱等均不适合这类油田，综合考虑各种因素，普遍认为表面活性剂驱油技术是低渗及特低渗油藏提高采收率的重要方法，国内外学者用表面活性剂驱油方法进行了大量的提高采收率的室内及现场试验研究。

邵创国、高永利进行了室内特低渗透储层表面活性剂驱提高采收率实验研究。将岩心分别用地层水和表面活性剂溶液进行驱替，结果表明：表面活性剂能显著提高驱油效率，岩心无水期采收率比地层水驱平均提高11.5%，最终采收率提高26.6%。表面活性剂可以将亲油性岩石向亲水性转化，提高驱油效率，进而提高采收率。

陈涛平、李楠在人造岩心上进行了表面活性剂驱提高采收率实验。将岩心水驱至含水率98%以后，注入0.3PV 1g/L的SL活性水段塞后进行水驱，平均采收率增幅6.95%，注入活性水段塞的压力梯度峰值比水驱提高了约10%。不同时机注入SL活性水段塞对总采收率影响较大，先注活性水段塞的波及体积较大，总采收率较高，驱油效果好，但注入压力梯度较高。

于洪江、应丹丹针对陕北延长油田的储层情况，研制出一种以甜菜碱为主的复配驱油体系EPS，该体系的配方为甜菜碱：OP-10：异丙醇＝7：2：1，使用浓度为0.1%。实验对该体系的配伍性、乳化性、抗盐性、cmc值、吸附值及采收率进行测定。结果表明，该驱油体系与陕北延长油田大部分高矿化度的地层水都有良好的配伍性和乳化性；cmc值较低（450mg/L）；岩心吸附值小（0.910mg/g）；耐盐性能好，当Ca^{2+}浓度高达12000mg/L时，该体系与原油仍可达到超低界面张力（约10^{-3}mN/m）；在不同低渗透油层的驱替实验中，驱油效率提高6.7%～17.9%。由此可以看出，EPS驱油体系对陕北油田的油藏适应性良好，提高采收率效果显著，具有较好的应用价值。

程晓宁、罗跃等合成了一种表面活性剂，在室内进行模拟实验，研究了该表面活性剂的性能及其驱替能力。实验结果表明，该活性剂在25℃时的临界胶束浓度为100mg/L，在65℃条件下，油水界面张力可达到10^{-2}数量级，而且在油砂上的吸附量较小。室内驱替试验的模拟对象为某低渗油层岩心，平均孔隙度为18.96%，平均渗透率为$1.02\times10^{-3}\mu m^2$，地层水矿化度为97543mg/L，试验所用原油为油田生产井口脱气原油。在岩心试验过程中，先进行水驱，当水驱时的含水率为100%时，注入1.0倍孔隙体积的0.05%的表面活性剂，最终采出程度由水驱时的42.91%提高到47.43%，采收率提高了4.52%，此外，注入压力也由6.04MPa降至5.32MPa，降压幅度为11.92%。由此可见，注入该活性剂以后，不但能提高采收率，同时水相相对渗透率上升，使注水压力下降。

鄂尔多斯盆地薛岔油区延长组为典型的弹性-溶解气驱岩性油藏，平均孔隙度为10.8%，渗透率为$0.75\times10^{-3}\mu m^2$，水驱开发后地层中仍有大量的残余油。为进一步提高原油采收率，薛岔油区延长组长6油层注入浓度为0.5%的表面活性剂驱，注入驱油剂3个月后，开始初步见效，产油量得到提升，平均单井日产油由1.51t上升为1.71t，井口注入压力也由之前的10.5MPa降为9.8MPa，下降了0.7MPa，表明驱油剂驱替了近井地带残余油，水相渗透率得到提高。

滨南油田属于低孔低渗的复杂断块油田，岩石中存在高岭石、伊利石等黏土矿物，平均渗透率 $23.3\times10^{-3}\mu m^2$，孔隙度 15%～20%，原油密度 0.84～0.87g/cm^3，黏度 10～23mPa·s，地层水总矿化度 69710mg/L。储层黏土矿物含量高，在注水开发中黏土矿物易水化膨胀、分散运移，造成孔喉堵塞，渗透率下降，注水压力升高，水量下降等。高鲜花等针对滨南油田在长期水驱中遇到的这些问题，自制了适合该油藏的驱油用表面活性剂 LY 剂，LY 剂兼具驱油性能及防膨性能，在提高驱油效率的同时能够抑制黏土颗粒的水化膨胀及分散运移，可有效提高原油采收率，滨南油田注 LY 剂后平均压降为 28%，平均驱油效率提高 8.62%。

王小泉、樊西京用一种复合表面活性剂 PZ(石油磺酸盐与 PS 复配而成) 对张天渠油田的一个高含水、连通性好的注水井进行了表面活性剂驱、水驱试验。由于该油田普遍存在的低渗低压条件，使得自然能量开采的采收率很低，注水开发的最终采收率只能达到 24.79%，大部分残余油仍然滞留在储层中无法驱采。驱替剂 PZ 与储层流体相容性好，吸附损耗量小，且不发生超标沉淀，能够明显降低油/水界面张力，比单纯注水驱替提高采收率 9%，投入产出比达到 1∶3.26。表面活性剂驱改善了岩石的润湿性，改善了水驱效果。

表面活性剂驱油作为一种新型驱油技术，已在很多油田得到应用和发展，并且取得了较好的驱油效果，提高了原油的采收率，为油田增加了经济效益。

6.2 低渗透油藏表面活性剂驱油技术与其他增产技术的联合应用

表面活性剂提高采收率的主要原理是利用驱替流体与被驱替原油体系之间具有低界面张力（IFT）的特性，从技术上讲，表面活性剂驱最适合三次采油，基本上不受含水率的限制，可以获得很高的水驱残余油采收率。除了单独表面活性剂驱油技术之外，目前还有其他的增产技术辅助表面活性剂驱油技术用于提高采收率，主要有调剖、调驱和堵水。

注水开发的油田，由于地层的非均质性，开采一个阶段之后，注入剖面会变得很不均匀。有的区块含水率很高，而有的区块则注水效果不明显，有的区块的注入水很快沿高渗透层、大孔道串流突进，再加上水对高渗透层的冲刷，提高了渗透率，使地层的非均质性进一步扩大，致使油井出水，产能降低。为了使注入水均匀推进，减少上述现象的发生，可以从注入井封堵高渗透层，调整注入地层的吸水剖面，即所谓注入井调剖；或是在油井封堵出水层，降低油井出水量，称为油井堵水。对这些高渗透层进行封堵，可以提高水的波及效率，从而提高原油采收率。

6.2.1 调剖、调驱技术

注水井调剖技术是针对注水开发后期普遍存在的油层非均质性等问题，将调剖剂注入高渗地层，利用物理封堵的原理来改善注水井吸水剖面，增大后续注入水的波及体积，提高原油采收率的一种有效手段。经过多年的应用和发展，目前应用较广的调剖剂主要有以下七大类：①沉淀型无机盐类调剖剂；②凝胶类调剖剂；③颗粒类调剖剂；④泡沫类调剖剂；⑤表面活性剂；⑥树脂类调剖剂；⑦微生物类调剖剂。其中，使用最多的是凝胶类和颗粒类调剖剂。

涧峪岔油田属于典型低渗透油藏，经过5年多的注水开发，形成了高渗带，大大影响了原油的采出程度，为了提高水驱采收率，必须对大孔道和高渗透层进行封堵。高延新等开展了对涧峪岔油田注水井调剖技术的研究，筛选出了适合该油藏的两性离子弱凝胶（最优配方：两性离子聚丙烯酰胺浓度2000mg/L、交联剂GY-X浓度0.25%、促进剂RM-G浓度0.25%）与MDG-1柔性缓膨颗粒（最优配方：单体AA浓度15%，单体AM浓度5%，膨润土浓度35%，引发剂GM用量为120mg/L，交联剂SR用量180mg/L，共聚合温度40℃）复合调剖体系，并选取区块内2口注水井（8316-1井组、8313-7井组）进行了现场先导性试验，注水井8316-1井组位于涧峪岔油田东部裂缝发育区，对应油井8口，平均日注入量为11.6m^3，注入压力为1.3MPa，视吸水指数为3.51m^3/(MPa·d)。对应生产油井日平均产液量为3.55m^3，日产油0.82t，平均含水率为93.5%。该井自2013年7月3日起施工至7月23日调剖施工结束，实际施工时间20d，共注入堵剂1640m^3。对应8口井中8口油井均见效：日增油2.384t，平均有效天数182d，累计增油433.89t。8313-7井组位于涧峪岔油田区西南部，井组内对应油井有8口，正常生产7口油井，1口油井高含水关井，井组日产液14.1m^3，日产油1.024t，平均综合含水率91.5%；该井组中有4口油井含水率超过90%，但其产液量低，4口油井日产液量只有2m^3，该井自2013年8月4日施工至8月30日调剖施工结束，实际施工时间26d，共注入堵剂2000m^3。对应油井见效显著：对应8口井中4口见效，日增油1.44t，平均有效天数180d，累计增油259.2t。根据矿场试验数据分析得出：该调剖体系对低渗透油藏起到了比较理想的封堵效果，改善了储层的吸水剖面，提高了注水压力，从而提高了原油采收率，可以将其运用于涧峪岔油田。

姬塬油田耿83区块属于低孔、低渗，且裂缝较为发育的油藏，从油层开发动态来看，裂缝主向油井见水快，且见水后含水率迅速上升直至水淹，侧向油井见效程度小，产能较低。为了解决这一问题，刘玉莉开展了复合调剖体系的研究，她选择强度高的预交联凝胶颗粒和弱凝胶作为复合调剖体系，其中，预交联凝胶颗粒的最优配方为引发剂0.04%，交联剂0.04%，增韧剂10.0%，丙烯酸2.5%，单体总量30.0%，中和度20%；弱凝胶的最佳配方为水解聚丙烯酰胺（HPAM）0.15%，乌洛托品0.03%，间苯二酚0.015%，辅助交联剂0.03%，氯化铵0.3%。并对调剖体系的注入方式和段塞组合展开了研究，得出先注入凝胶颗粒，后注入弱凝胶这种注入方式，调剖体系的注入性更好，使用段塞为0.5PV凝胶颗粒+0.5PV弱凝胶的复合调剖体系封堵效果最佳。为了进一步验证实验结果，从耿83区块中选择了6口裂缝主向上的注水井进行了矿场试验，调剖后注水井注入压力明显上升，吸水指数曲线上移且斜率变大，这表明地层裂缝被调剖体系进行了有效封堵。根据对应油井的生产动态数据发现，油井见效率为48.9%，目前日增油15.8t，累计增油达4025.4t，取得了良好的增油降水效果。

无数的矿场实验表明，注水井调剖是一种效果好、成本低的技术，在很长时间内得到了广泛应用。同时从注水井化学调剖技术上发展起来的复合调驱技术，更是为提高注水开发油田采收率提供了一个新方向，成为油田注水开发后期稳油控水的主要技术之一。

延长油田目前主要的开发层具有压力低、渗透率低、产能低、油层埋藏浅、岩性致密、物性差的特点，许多油田在第一轮调剖后可以取得明显的增油降水效果，而后续调堵效果越来越差，对此类油藏应该进行深部封堵，以期提高原油采收率。许耀波针对延长油田特低渗透裂缝性油藏开展了多功能复合调驱技术的研究，他选择超细吸水微球调剖剂和SW-b表面活性剂作为复合调驱体系，并对这一体系进行了性能评价，结果表明：表面活性剂SW-b具有很好的洗油性能；超细吸水微球具有很好的膨胀性、运移性及封堵性能；同时，二者具有很好的协同作用，超细吸水微球发挥深部液流改向作用，使得后续注入的表面活性剂能够有效地进入特低渗透的地层，在这些残余油集中的区域充分发挥化学驱油剂提高采收率的作用。最后选取唐井区丛54井组作为复合调驱试验区，经过调驱试验，注水压力由调驱前的5.0MPa上升到目前的8.2MPa，升高了3.2MPa；调驱后注水井吸水剖面得到了改善；自从2007年12月注完超细吸水微球调剖剂后，接着连续注表面活性剂溶液，丛54井组从2008年1月开始就慢慢有了效果，产油量和产液量都快速上升，截至2009年1月，整个井组连续日增油3t以上，对应油井含水率下降20%左右。

由于海外河油田地质条件复杂，在开发中存在油藏认识程度低、注采系统不完善、水驱动用程度低等主要矛盾，现有的增产措施效果越来越不明显，有必要开展更有效的开采方法。可动凝胶＋活性水调驱技术是近年来国内外研究的一项新兴技术，具有工艺简单、可操作性强、投入少、周期短、风险小、适用范围广的特点。王谦根据海外河油田的地质特点和原油特性，对海外河油田实施可动凝胶＋活性水调驱技术进行潜力分析，然后进行有针对性的室内配方筛选，本着降低风险保证试验成功的原则，选取油田有代表性的区块井组进行现场试验，结合现场实际生产情况调整配方和注入工艺。2007 年在海 1 块主体部位和海 31 块主力油层的 9 个井组开展了可动凝胶＋活性水调驱试验，有效率 100%，平均日增油 41.6t，综合含水率下降 7%，阶段累计增油 12468t，取得了很好的增油降水效果。而且，从调驱井组累计产油与累计产液对数关系曲线可以看出，调驱井组措施后直线斜率比措施前斜率小，相同采出液下采出油量增加，表明水驱动用程度与采收率得到提高。

6.2.2 堵水技术

堵水的实质是改变水在地层中的流动方向。除了减少产水从而减轻地层出砂、深井泵负荷、管线和设备的结垢和腐蚀、泵站破乳剂消耗和污水处理量外，堵水更大的意义在于，可以保持地层能量，提高注入水或其他驱油剂的波及效率，从而使原油的采收率提高。现今油井堵水主要有两种方法：非选择性堵水（包括树脂型堵剂、凝胶型堵剂、沉淀型堵剂、分散体型堵剂）和选择性堵水（包括部分水解聚丙烯酰胺、阴阳非三元共聚物、泡沫、有机硅类、稠油类堵剂、松香二聚物的醇溶液、醇-盐水沉淀堵剂）。不同类型的堵剂适用于不同的渗透层，需根据渗透层的条件选择合适的堵剂。

奈曼油田九佛堂组储层主要为低孔、低-特低渗储层，局部发育中孔、中渗层带。由于储层物性较差，天然能量严重不足，一次性采收率较低，需通过注水及时补充能量开发，而压裂产生的裂缝对注水影响巨大，沿裂缝方向易发生水窜、水淹等现象。针对该储层出现的这些问题，杜凯优选了选择性堵剂配方：阳离子聚丙烯酰胺（CPAM）1.0%＋有机酚 0.5%＋交联剂 1.4%＋调节剂 1.4%。通过室内岩心试验评价了堵剂的选择性能，试验表明：对于不同渗透率的岩心，选择性堵剂具有较好的选择性，岩心渗透率越低，选择性堵剂进入的越少；岩心渗透率越高，选择性堵剂进入的越多，对岩心的堵塞能力越强。在室内试验的基础上，进行了矿场试验，于 2013 年 9 月 28 日对奈 1-48-46 井和奈 1-48-20 井进行了堵水作业，两口井设计使用选择性堵剂 299m^3（其中奈 1-48-46：160m^3；奈 1-48-20：139m^3），实注 299m^3。堵水作业施工后两口井正常下泵投产。其中奈 1-48-46 井措施后生产 107d，平均含水率下降 17%。奈 1-48-20 井措施后生产 293d，平均单井含水率下降 16.8%，累计降液3653.8t，详细数据如表6-1所示。

表6-1 堵水前后油井产量对比

序号	井号	施工时间	措施前日均产液量	措施前日均产油量	措施前平均含水率/%	生产天数/d	措施后累计产液	措施后累计产油	措施后平均含水率/%	含水率下降幅度/%
1	奈1-48-46	2013-9-26	12.91	0.47	96.4	107	534.6	110.4	79.4	
2	奈1-48-20	2013-9-27	11.65	0.67	94.2	293	606.5	137.2	77.4	
合计			20.6	1.14	—	400	1141.1	247.6	—	—
平均单井			12.3	0.57	95.4	200	570.6	123.8	78.4	17.1

调剖、调驱和堵水技术作为二次采油和三次采油相结合的一项过渡技术，在提高采收率方面发挥着非常重要的作用，这些技术的实施，为化学驱油技术的有效性提供了参考。因此，调剖、调驱和堵水技术的研究和完善仍然是保障油田可持续发展的重要方面。

第7章 驱油用表面活性剂的定性和定量分析方法

驱油用表面活性剂的含量分析对于表面活性剂的生产、表面活性剂的吸附滞留量的测定以及注入液和产出液中表面活性剂的浓度分析甚为重要，它不仅关系到产品质量的控制，而且关系到表面活性剂驱油的效率和成本。因此，根据表面活性剂的类型以及不同类型表面活性剂的复配情况，特建立驱油用表面活性剂的含量分析方法，为表面活性剂驱油现场试验提供理论基础。

7.1 表面活性剂的定性分析和化学分离

由于受企业技术秘密和知识产权保护的限制，大部分生产厂家的产品不会提供产品的详细信息，只提供主要组分大致的类型，有些仅提供产品代号，这给表面活性剂产品的含量分析带来很大难度。本节根据有机化学的知识和相关文献，从原理上对表面活性剂产品的定性分析和分离提纯进行简单介绍。

表面活性剂定性分析和分离的目的是确定表面活性剂的离子类型、结构和含量分析，对于未知结构的表面活性剂，首先要确定其结构类型，即定性分析，最简单的是化学分析方法，如亚甲蓝法、百里酚酞法、溴酚蓝法、硫氰酸钴铵法和溴水法，具有操作简单、定性方便的特点。对于单一结构的表面活性剂，若将定性分析和元素分析、仪器分析（紫外、红外、核磁和质谱）相结合，可以确定出表面活性剂的分子结构。

7.1.1 表面活性剂产品的定性分析

7.1.1.1 阴离子表面活性剂

酸性亚甲蓝试验法：用于确定除羧酸盐以外的阴离子表面活性剂。其原理为亚甲蓝溶于水而不溶于三氯甲烷，但它能和阴离子表面活性剂反应生成溶于三氯甲烷的蓝色络合物，从而使蓝色络合物从水相转移至有机相中。其操作程序如下：

在5mL 1%的表面活性剂水溶液中，加入10mL酸性亚甲蓝溶液（每升溶液中含有30mg亚甲蓝、12g浓硫酸和50g无水硫酸钠）和5mL三氯甲烷，剧烈震荡，静置分层，观察两相颜色的变化，如果有机相（下相）出现蓝色，则含有阴离子表面活性剂，否则样品中没有阴离子表面活性剂。

7.1.1.2 阳离子表面活性剂

(1) 酸性溴酚蓝法

用于季铵盐和其他阳离子表面活性剂的定性，其原理为阳离子表面活性剂和酸性溴酚蓝形成深蓝色的络合物，若结果呈阳性，则表明无阴离子表面活性剂，因为阴、阳离子表面活性剂共存会生成沉淀。若含有长链氨基酸或烷基甜菜碱等两性表面活性剂，则呈现带荧光的亮蓝色。其操作程序如下：

将2～5滴表面活性剂浓度为1%的水溶液（调至pH=7）加入10mL溴酚蓝试液（含0.015mol/L乙酸钠、0.185mol/L乙酸和20mL浓度为0.1%的溴酚蓝、95%乙醇溶液，pH=3.6～3.9）中，如果溶液变蓝，则表面活性剂含有阳离子（或阳离子基团）。

(2) 酸性亚甲蓝法

该方法先利用亚甲蓝和阴离子表面活性剂生成溶于三氯甲烷的蓝色络合物，逐滴加入含有阳离子表面活性剂的溶液，由于阴、阳离子表面活性剂发生反应会使有机相的颜色变浅，直至消失。该方法不适用于两性表面活性剂的定性，试验方法如下：

在一支试管中加入亚甲蓝和三氯甲烷各5mL，加入1～2滴阴离子表面活性剂标准溶液，震荡，则三氯甲烷呈蓝色，再加入1%的试样数滴，剧烈震荡，观察有机相的颜色变化，随着试液增加，如果有机相的蓝色变浅直至消失，则表明其为阳离子表面活性剂。

7.1.1.3 两性表面活性剂

(1) 溴水试验

溴水试验适用于一般的两性表面活性剂的定性分析。试验方法如下：

取试样溶液1mL，加水4mL，再加入1.5mL饱和溴水溶液。若产生黄色-黄橙色沉淀，加热溶液，加热下沉淀消失，则为咪唑啉、氨基酸类两性表面活性剂；若产生白色-黄色沉淀且加热下不溶解，则为甜菜碱型表面活性剂。

（2）酸性溴酚蓝法（检验阳离子型的存在）

两性表面活性剂在酸性条件下呈阳离子性质，因此与溴酚蓝结合转移到氯仿层而呈现黄色。在试管中加入1滴有效浓度为5%的试样溶液，加入5mL三氯甲烷、5mL浓度为0.1%溴酚蓝稀乙醇溶液及1mL盐酸溶液（6mol/L），剧烈震荡混合，氯仿层呈现黄色。

（3）碱性亚甲蓝-氯仿试验（检验阴离子型的存在）

两性表面活性剂在碱性条件下与亚甲蓝络合移至氯仿层而显示蓝紫色颜色反应。取上述试样溶液1滴，加入5mL 1%的亚甲蓝溶液、1mL 4%氢氧化钠溶液和5mL三氯甲烷，剧烈震荡，氯仿层呈现蓝紫色。

只有当上述（2）和（3）试验均呈阳性，可认为是两性表面活性剂。

7.1.1.4　非离子表面活性剂

（1）硫氰酸钴铵试验

可用于聚氧乙烯类非离子表面活性剂的定性，操作如下：

取5mL 1%的试样水溶液于试管中，滴加5mL硫氰酸钴铵试剂（含17.4%的硫氰酸铵和2.8%的硝酸钴），震荡均匀，静置2h，若溶液呈红紫色或紫色则为阴性；若溶液呈蓝色则为阳性；如果生成蓝紫色沉淀而溶液为红紫色则表示含有阳离子表面活性剂。

（2）酸性亚甲基蓝试验

采用与阴离子表面活性剂相同的亚甲蓝试验方法，若水溶液呈乳状或两层颜色基本一致，则表明有非离子表面活性剂。

（3）酸性蒽酮法

该方法用于烷基糖苷类非离子表面活性剂的定性和定量，其原理为烷基糖苷可在酸性条件下水解，生成的糖与蒽酮发生反应，生成绿色络合物。试验方法如下：

取浓度为0.1%的试样1mL于20mL试管中，加入2mL蒸馏水和5mL酸性蒽酮（0.08g蒽酮溶于100mL硫酸中，现用现配），在沸水浴中加入5mL，若溶液呈蓝色，则为阳性。

凡是含有糖类的生物表面活性剂，均呈阳性。

7.1.2　表面活性剂的化学分离

表面活性剂属于有机化合物，常用的分离方法有蒸馏、萃取、结晶和色谱等。由于常用的表面活性剂是以混合物的形式使用，分离体系往往有多种组分共存，分离难度较大，单一方法难以奏效，需要多种方法联用。

根据定性分析确定出表面活性剂的类型，即确定出其属于阴离子、阳离子、非离子或两性表面活性剂，结合不同类型表面活性剂的合成工艺（包括原料和杂质）及性质，使用不同方法进行分离。

7.1.2.1　泡沫分离法分离阴离子表面活性剂

十二烷基硫酸钠（SDS）是一种阴离子硫酸酯类表面活性剂，易溶于热水和热乙醇，常用作乳化剂和发泡剂。工业品中常含有未反应的十二醇（1.0%～5.0%）和硫酸盐（1.0%～5.5%）。常规分离方法有醇类（如丁醇）重结晶和Krafft点重结晶法，操作复杂、收率较低。最有效的方法是泡沫分离法，其原理是利用十二醇在泡沫中的含量远远高于其在溶液中的含量，鼓泡后移去泡沫，就得到不含十二醇的溶液，加入正丁醇后减压蒸馏，除去水分，过滤除去无机盐，就得到较高纯度的SDS。该方法操作简单，产率高，纯度高。

将30g化学纯的SDS用100mL蒸馏水溶解于500mL的具塞三角瓶中，在70℃的热水浴中恒温30min，间歇震荡，得到浅黄色的水溶液，用力震荡，使泡沫充满三角瓶，将底部的溶液倾入另一只三角瓶中，重复起泡和转移溶液3～5次，即可将十二醇除尽。

之后在瓶中加入200mL正丁醇，减压蒸馏，当溶液由浊变清再变浊后，停止蒸馏，余液约70mL。再在余液中加入100mL正丁醇，常压下过滤以除去无机盐，得到澄清的溶液。该溶液冷却后即可析出SDS，抽滤后真空干燥，得到高纯度的SDS，必要时可将未烘干的样品用正丁醇重结晶1～2次，干燥称重，得到14g高纯样品。

泡沫分离法比重结晶法的产率高5%～10%，广泛用于含阴离子表面活性剂的工业废水和环境废水的处理。

7.1.2.2　溶剂萃取法分离磺酸盐（烷基苯磺酸盐和石油磺酸盐）

常规的磺酸盐样品中含有未磺化油、无机盐等杂质，其分离原理是利用这几种组分在不同溶剂中的溶解度（不同温度下）的差异，用不同溶剂进行萃取将其分离，挥发溶剂后干燥，得到几种组分，通过称量即可确定各个组分的含量。

称取10g样品，用适量蒸馏水溶解，调整溶液至中性，然后将溶液真空干燥，得到的无水物用30mL热乙醇和石油醚混合溶剂（1∶1）溶解（3～4次，搅拌），趁热过滤以使无机盐分离，挥发溶剂后的固体用50mL异丙醇水溶液（1∶1）溶解，在100mL的分液漏斗中用20mL正戊烷或正己烷萃取3～4次（至有机相无色即可），合并有机相，加入约5g无水硫酸钠干燥，挥发溶剂后得到未磺化油；水溶液挥发溶剂后得到磺酸盐纯品。某油田用磺酸盐TPS的分析结果见表7-1。

表7-1 某油田用磺酸盐TPS的分离结果 单位：%

挥发分	无机盐	未磺化油	磺酸盐
48.12	1.76	8.42	41.20

7.1.2.3 溶剂萃取法分离烷基糖苷中的多糖

烷基糖苷中除低聚烷基糖苷外，还含有高聚合度（五苷以上）的烷基多苷和糖的自聚物，这些部分称为多糖，它是烷基多苷内在质量的一个主要指标。萃取原理是利用不同组分在极性不同的溶剂中溶解度不同加以分离的。试验方法是将样品烘干称重（1g，精确至0.1mg）包于多层滤纸中，放入索氏萃取器，加入120mL无水乙醇，加热回流4h（乙醇的回流量为1滴/s）。停止回流，取出纸筒，回收乙醇，减压蒸馏乙醇后，干燥可得到烷基单苷。滤纸筒干燥后得到二糖和多糖，再用120mL蒸馏水萃取乙醇不溶物3h，可将二糖和多糖分离，残余物干燥后得到多糖，减压蒸馏除去水分后干燥得到二糖，称重计算单苷、二糖和多糖的含量。

7.1.2.4 溶剂萃取法分离甜菜碱、烷基酚（醇）聚氧乙烯醚和磺酸盐

甜菜碱不溶于丙酮，磺酸盐不溶于乙酸乙酯，而烷基酚（醇）聚氧乙烯醚则均可以，因此可以进行分离，具体方法如下：称取混合样品5.00g，于真空干燥箱（70℃，真空度100Pa）内干燥4h除去水分，用丙酮定量萃取（总量200mL）。不溶物为甜菜碱，将丙酮溶解物置于旋转蒸发器内挥发溶剂，加50mL蒸馏水溶解，并转至一个250mL分液漏斗中，每次用75mL乙酸乙酯萃取3次，用10%的乙醇水溶液洗涤混合后的乙酸乙酯除去残余的磺酸盐，洗涤液和水相合并。乙酸乙酯萃取液和水相分别在两个旋转蒸发器内蒸发，残留物定量转入一个恒重的100mL烧杯中，在真空干燥箱（70℃，真空度100Pa）内干燥3h。乙酸乙酯相干燥后得到烷基酚（醇）聚氧乙烯醚，水相干燥后得到磺酸盐。

7.2 单一表面活性剂的定量分析

从驱油用表面活性剂的研究和应用情况来看，单一表面活性剂体系分为阴离子型、阳离子型、非离子型和两性表面活性剂，其定量分析方法如下。

7.2.1 阴离子型表面活性剂

阴离子型表面活性剂使用最多的为磺酸盐型和羧酸盐型，其分析方法如下。

7.2.1.1 磺酸盐型

石油磺酸盐类表面活性剂能与阳离子表面活性剂反应，用溴甲酚绿碱性分相滴定法测得该表面活性剂的含量。

(1) 仪器及药品

实验仪器：滴定装置、100mL 分液漏斗、容量瓶、移液管。

实验药品：十六烷基三甲基溴化铵（CTMAB)、十二烷基硫酸钠、正丙醇、二氯甲烷、无水乙醇、溴甲酚绿、亚甲蓝、百里酚蓝等，均为分析纯。

实验试剂的配制：

① CTMAB 标准溶液：CTMAB 0.3645g＋正丙醇 200mL，配制成 1000mL 溶液，浓度 C＝0.001mol/L。采用同样的方法再配制浓度 C＝0.005mol/L 的 CTMAB 标准溶液 1000mL。

② 溴甲酚绿指示液：质量分数为 0.003%。

③ 亚甲蓝 MB：0.036g，配制成 1000mL 溶液。

④ 百里酚蓝 TB：0.05g，加入 50mL 20%乙醇溶液，配制成 1000mL 溶液。

⑤ MB＋TB 混合指示液：225mL TB＋30mL MB，配制成 500mL 溶液。

⑥ 硫酸钠＋硫酸溶液：100g 硫酸钠＋12.6mL 浓硫酸，配制成 1000mL 溶液。

⑦ 缓冲溶液：300mL 0.065mol/L 磷酸氢二钠＋100mL 0.065mol/L 磷酸钠，配制成 400mL 溶液。

⑧ 50mL 10%氢氧化钠溶液。

(2) 实验方法

取一定量的磺酸盐试样于 100mL 具塞量筒中，加混合指示剂 5mL、硫酸钠酸性溶液5mL，加水使水相保持30mL，加二氯甲烷15mL，摇匀后用配制的标准CTMAB溶液滴定，下相由浅紫灰色变为明亮的黄绿色为滴定终点，在临近终点前上相的粉红色逐渐变浅，最后几乎无色。同时作空白试验。根据滴定结果计算磺酸盐的浓度。

（3）实验结果与讨论

采用CTMAB标准溶液对十二烷基硫酸钠标准溶液进行测定，结果见表7-2。可以看出，在较低浓度时采用本方法误差也很低（+1.2%），准确性较高。

表7-2 磺酸盐表面活性剂滴定结果

活性剂	取样量/mL	实际浓度/(mg/L)	测定浓度/(mg/L)
十二烷基硫酸钠	5	865	879
十二烷基硫酸钠	5	865	874
十二烷基硫酸钠	5	865	868
十二烷基硫酸钠	5	865	880

7.2.1.2 羧酸盐型

石油羧酸盐类表面活性剂能与阳离子表面活性剂反应，此时用百里酚蓝-亚甲蓝混合指示剂分相滴定法可测得该表面活性剂的含量。

（1）仪器及药品

实验仪器：滴定装置、分液漏斗、容量瓶、移液管。

实验药品：正丙醇、二氯甲烷、无水乙醇、溴甲酚绿、磷酸钠、磷酸氢二钠等，化学纯；十六烷基三甲基溴化铵（CTMAB），分析纯；合成羧酸盐表面活性剂，自制。

（2）实验方法

用移液管移取一定体积的表面活性剂试样于100mL具塞量筒中，加0.4mL 10%的NaOH，2.5mL乙醇，加水至10mL，混匀，加24mL磷酸盐缓冲溶液，6滴溴甲酚绿指示剂，20mL二氯甲烷，用0.001mol/L的CTMAB溶液滴至蓝绿色从上层徐徐移向下层，当上层变为无色时为滴定终点。同时作空白试验。根据滴定结果计算羧酸盐的总浓度。

（3）实验结果与讨论

采用CTMAB标准溶液对实验合成的羧酸盐进行浓度测定，结果如表7-3。可以看出，羧酸盐表面活性剂也可以被准确滴定，误差较小（+1.6%）。

表 7-3 羧酸盐表面活性剂滴定结果

活性剂	取样量/mL	实际浓度/(mg/L)	测定浓度/(mg/L)
羧酸盐	2	1140	1178
羧酸盐	2	1140	1152
羧酸盐	2	1140	1144
羧酸盐	2	1140	1155

7.2.2 非离子型表面活性剂

主要介绍烷基醇（酚）聚氧乙烯醚和烷基糖苷类的分析方法。

7.2.2.1 烷基醇（酚）聚氧乙烯醚

烷基醇（酚）聚氧乙烯醚类表面活性剂与硫氰酸钴盐反应，生成蓝色的络合物，此络合物溶于二氯甲烷中，并能迅速地自水溶液中萃取出来，其颜色强度与非离子活性物的浓度呈线性关系。

（1）仪器及药品

实验仪器：分光光度计、100mL 分液漏斗、容量瓶、移液管。

实验药品：硝酸钴、硫氰酸铵、氯化钾、二氯甲烷、异丙醇等。

试剂配制：

① 硫氰酸钴盐：硝酸钴 30g＋硫氰酸铵 200g＋氯化钾 200g，配制成 1000mL 溶液。

② 酸性磷酸缓冲液体：100g 磷酸二氢钾，稀释到 1000mL。

③ 非离子表面活性剂贮备液：1.00g OP-10，稀释到 250mL；取 50mL 该溶液加 20mL 酸性磷酸缓冲液，稀释到 100mL，即成浓度为 2.00mg/mL 标准溶液。

（2）标准曲线测定

移取浓度为 2.00mg/mL 的标准溶液 2.00mL、4.00mL、6.00mL、8.00mL、10.00mL 于 5 只干燥洁净的 100mL 分液漏斗中，分别加入蒸馏水至溶液量为 30.00mL，摇匀后加入 20mL 硫氰酸钴盐试剂，摇匀，静置 15min，各加入 15mL 二氯甲烷，再振荡 1min，静置 15min，分出二氯甲烷于 50mL 容量瓶中，再重复萃取 2 次，合并萃取液，并定容。以二氯甲烷做参比，测定在 640nm 时的吸光度，以吸光度 A 和 50mL 溶液中表面活性剂的质量 Q(mg) 进行线性回归，得到标准曲线［式(7-1)，相关系数 0.9991，供参考］：

$$Q = 19.435A - 0.1126 \quad (7\text{-}1)$$

（3）样品测定

配制待测溶液，取样，按照标准曲线操作步骤测定溶液的吸光度，按式(7-2)计算 OP-10 的浓度。

$$\rho=(-0.1126+19.435A)/V \tag{7-2}$$

式中，ρ 为 OP-10 的质量浓度，mg/L；A 为溶液的吸光度，量纲为 1；V 为取样体积，mL。从结果（表 7-4）可见，平均值为 1.95g/L，误差较小，为 −2.5%。

表 7-4 非离子表面活性剂测定结果

活性剂	实际浓度/(g/L)	测定浓度/(g/L)
OP-10	2.00	1.92
OP-10	2.00	1.97

7.2.2.2 烷基糖苷类

烷基糖苷类表面活性剂在酸性条件下水解生成的糖可与蒽酮反应，生成绿色络合物，用分光光度法进行定量分析。

（1）仪器及试剂

仪器：分光光度计，360～800nm；纳氏比色管，10mL。

试剂：烷基糖苷为工业纯，蒽酮、硫酸均为化学纯。

蒽酮硫酸试剂：称取 0.08g 蒽酮溶于 100mL 硫酸中（保存在冰箱内，隔数日需更换）。

烷基糖苷标准溶液：称取烷基糖苷 1.000g，用蒸馏水溶解并转入 1000mL 容量瓶中，定容并摇匀，其浓度为 1.000mg/mL。移取此溶液 5.00mL 于 100mL 容量瓶中，加水至刻度，摇匀，即成浓度为 0.05mg/mL 的标准溶液。

（2）标准曲线测定

用移液管移取浓度为 0.05mg/mL 的标准溶液 0.00mL、0.25mL、0.50mL、1.00mL、1.50mL、2.00mL 于纳氏比色管中，加蒸馏水至 2.0mL，分别加入 5.0mL 蒽酮试剂，加盖并置于沸水浴中加热 5min，取出冷却并摇匀，放置 50min，以未加标准溶液的溶液为参比，用分光光度计在 625nm 波长、1cm 比色皿下测定溶液的吸光度，以溶液中烷基糖苷的质量（μg）和吸光度进行线性回归，得标准曲线。

（3）浓度测定

移取一定体积待测溶液于纳氏比色管中，按照工作曲线绘制的操作步骤，测定溶液的吸光度，按照式(7-3) 计算溶液中烷基糖苷的质量浓度。

$$\rho=k(a+bA)/V \tag{7-3}$$

式中，ρ 为烷基糖苷的质量浓度，mg/L；k 为稀释倍数，量纲为 1；A 为溶液的吸光度，量纲为 1；V 为取样体积，mL；a、b 为线性回归常数。

注：待测溶液的浓度约为 3g/L，应稀释 100 倍，取样 2.00mL 进行测定。

7.2.3 两性离子型表面活性剂

两性离子表面活性剂（甜菜碱），在酸性条件下可以与雷氏盐生成紫红色沉淀，该沉淀可溶解于 70%的丙酮，通过比色法可测定两性离子表面活性剂（甜菜碱）的含量。

7.2.3.1 仪器及药品

（1）实验仪器

紫外-可见分光光度计、离心机、pH 计、电子天平、离心管。

（2）实验药品

甜菜碱标准品，饱和雷氏盐溶液（15mg/mL），乙醚溶液（无水乙醚与蒸馏水体积比为 99∶1），丙酮溶液（丙酮与蒸馏水体积比为 7∶3）。

实验配制试剂：

① 饱和雷氏盐溶液（15mg/mL）：准确称取 1.5000g 雷氏盐，加入蒸馏水 90mL，用浓盐酸调 pH 值至 1.0，于室温下不断搅拌 45min，抽滤，定容至 100mL（此溶液需现用现配制，因为雷氏盐只有在固态时稳定）。

② 乙醚溶液：取 1mL 蒸馏水加入 99mL 不含乙醇无水乙醚中。

③ 丙酮溶液：量取 30mL 蒸馏水加入 70mL 分析纯丙酮中。

7.2.3.2 标准曲线测定

两性离子定量：称取甜菜碱烘干样品 0.25g 左右，用蒸馏水溶解，室温放置 3h，并不时搅拌，混匀，抽滤，弃残渣。用浓盐酸调 pH 值为 1.0±0.1，抽滤后定容至 100mL。吸取 6mL 移入 20mL 离心管，加盖后在冰箱（4℃）存放 15min，加入雷氏试剂 15mL，加盖后再放入冰箱存放 1h。取出后以 3000r/min 离心 15min，弃上清液，加入 99%的乙醚 5mL，摇匀，离心。让离心管中的乙醚在通风橱中自然挥发至干，备用。在已制备的试样试管中分别加入 70%的丙酮 10mL，用紫外-可见分光光度计在 525nm 处测定吸光度。以吸光度和甜菜碱的浓度 ρ(g/L) 进行线性回归，得标准曲线，如式(7-4) 所示，$r=0.9992$(供参考)。

$$\rho=-0.1335+0.6240A \tag{7-4}$$

7.2.3.3 样品测定

分别对不同浓度的甜菜碱溶液用紫外-可见分光光度计在 525nm 处测

定吸光度，结果如表 7-5 所示。可见采用比色法准确度高，误差较小，为 −1.4%。

表 7-5 两性离子表面活性剂测定结果

序号	实际甜菜碱浓度/(g/L)	测定甜菜碱浓度/(g/L)
1	0.375	0.371
2	0.750	0.738

7.2.4 阳离子型表面活性剂

在 pH=5 时，阳离子表面活性剂和金橙-2 形成络合物，用三氯甲烷萃取，用分光光度法进行定量。

7.2.4.1 仪器及试剂

仪器：紫外-可见分光光度计。

试剂（以下所用试剂均为分析纯试剂）：

① 十六烷基三甲基溴化铵标准溶液：称取 1.000g 样品，用蒸馏水溶解后转入 1000mL 容量瓶中，摇匀，其质量浓度为 1.000g/L。移取此溶液 10.00mL 于1000mL 容量瓶中，加水至刻度，摇匀，即得到标准溶液，其质量浓度为 10.00mg/L。

② 金橙-2 溶液：称取 0.10g 金橙-2 溶于 100mL 蒸馏水中，搅拌均匀。

③ 乙酸溶液：0.2mol/L。

④ 无水乙酸钠溶液：0.2mol/L。

⑤ 缓冲溶液（pH=5)：量取 59mL 乙酸溶液（0.2mol/L）和 141mL 乙酸钠溶液（0.2mol/L)，搅拌均匀。

⑥ 三氯甲烷。

7.2.4.2 标准曲线测定

分别移取表面活性剂标准溶液（10.00mg/L）5.00mL、10.00mL、15.00mL、20.00mL、25.00mL、30.00mL、35.00mL 于 7 只 250mL 分液漏斗中，加蒸馏水至溶液体积达到 100mL，分别加入缓冲溶液 10mL、金橙-2 溶液 3mL，摇匀后加入三氯甲烷 10mL，振荡 30s，静置 10min 后放入 50mL 容量瓶中，重复萃取至三氯甲烷无色，合并萃取液，定容，摇匀。

用分光光度计于 485nm 处用 1cm 比色皿，以三氯甲烷为参比，测定溶液的吸光度，以表面活性剂的质量 m(μg) 和吸光度 A 进行线性回归，得标准曲线（$m=a+bA$）。

7.2.4.3 待测溶液测定

取适量表面活性剂溶液，按照标准曲线测定步骤进行操作，测定溶液的吸光度，用标准曲线计算待测溶液的浓度。

7.2.4.4 说明

该方法选用 pH＝1 的缓冲溶液，可测定阳离子和两性离子表面活性剂的总量，在 pH＝5 时，单独测定阳离子表面活性剂，二者结果之差为两性离子表面活性剂的浓度，因此该方法也适用于测定阳离子和阴离子混合表面活性剂中两种组分的含量。

7.3 表面活性剂复配体系的含量分析

表面活性剂的复配体系主要是用不同类型的表面活性剂配制的体系，常用的产品包括磺酸盐型-羧酸盐型、磺酸盐型-非离子型、磺酸盐型-两性离子型和两性离子型-非离子型等，其浓度测定尚不成熟，根据文献报道和实验研究，提出复配体系表面活性剂中各组分的浓度测定方法，虽然有些方法误差稍大，但用于现场检测是可以的，其他类型表面活性剂的复配体系可根据各自的分析方法自行确定。

7.3.1 磺酸盐型-羧酸盐型

在碱性条件下，复配体系中石油羧酸盐和石油磺酸盐两种表面活性剂均以盐的形式存在，都能与阳离子表面活性剂反应，此时用溴甲酚绿碱性分相滴定法可测得两种表面活性剂的总含量。当 pH＝2～3 时，羧酸盐转变为羧酸而从水相中游离出来，溶于有机相二氯甲烷中，几乎不与阳离子表面活性剂反应，此时用百里酚蓝-亚甲蓝酸性分相滴定法测得的是磺酸盐的含量，从总量中扣除磺酸盐的量即得到羧酸盐的量。

7.3.1.1 仪器及药品

如前所述，下同。

7.3.1.2 实验方法

（1）复配表面活性剂总浓度测定步骤

用移液管移取一定体积的表面活性剂复配体系试样于 100mL 具塞量筒中，加 0.4mL 10% NaOH，2.5mL 乙醇，加水至 10mL，混匀，加 24mL 磷酸盐缓冲溶液，6 滴溴甲酚绿指示剂，20mL 二氯甲烷，用

0.001mol/L 的 CTMAB 溶液滴至蓝绿色从上层徐徐移向下层，当上层变为无色时为滴定终点。同时作空白试验。根据滴定结果计算磺酸盐和羧酸盐的总浓度。

(2) 复配表面活性剂中磺酸盐含量测定

取一定量的复配体系试样于 100mL 具塞量筒中，加混合指示剂 5mL 和硫酸钠酸性溶液 5mL，加水使水相保持 30mL，加二氯甲烷 15mL，摇匀后用配制的标准 CTMAB 溶液滴定，下相由浅紫灰色变为明亮的黄绿色为滴定终点，在临近终点前上相的粉红色逐渐变浅，最后几乎无色。同时作空白试验。根据滴定结果计算磺酸盐的浓度。

7.3.1.3 实验结果

采用 CTMAB 标准溶液对磺酸盐-羧酸盐二元复配体系进行浓度测定，结果如表 7-6 所示。可以看出，对磺酸盐-羧酸盐二元复配体系进行两相滴定，磺酸盐的误差较小，为+2.0%，羧酸盐误差稍大，为+5.4%，但对于现场检测是可容许的。

表 7-6 “磺酸盐-羧酸盐”复配表面活性剂滴定结果

取样量/mL	磺酸盐实际浓度/(mg/L)	磺酸盐测定浓度/(mg/L)	羧酸盐实际浓度/(mg/L)	羧酸盐测定浓度/(mg/L)
2.00	360	369	513	536
2.00	360	363	513	547
2.00	360	375	513	540
2.00	360	363	513	540

7.3.2 磺酸盐型-非离子型（聚氧乙烯类表面活性剂）

非离子选用聚氧乙烯系非离子活性物，采用硫氰酸钴络合物比色法，阳离子表面活性剂能起类似反应，有阳离子存在时本方法不适用。阴离子活性物在测定范围内并不干扰，但有降低或增加颜色的作用，短链烷基苯磺酸盐也有上述作用，但作用强度比阴离子活性物弱。复配表面活性剂中磺酸盐的含量采用两相滴定法测定。

7.3.2.1 实验方法

(1) 非离子表面活性剂测定条件的选择

研究在阴离子存在时的吸光度与非离子含量的关系，建立标准曲线。用二氯甲烷做参比，在 640nm 测吸光度。

先固定非离子表面活性剂的浓度为8.00mg/L，改变阴离子表面活性剂的浓度（4.00～20.00mg/L）和加入Ba^{2+}溶液的体积（6～14mL），按照前述单一体系的操作步骤测定吸光度，结果见表7-7所示。可以看出，当非离子表面活性剂的浓度为8.00mg/L(20mL溶液）时，添加阴离子表面活性剂达到16.00～20.00mg，Ba^{2+}溶液在6～8mL时，非离子的吸光度几乎不变化，吸光度曲线在此范围内达到平坦，可以进行比色测定。

表7-7 阴离子含量对非离子混合表面活性剂影响

非离子表面活性剂浓度/(mg/mL)	Ba^{2+}溶液加入量/mL	阴离子加量/mg	吸光度A
8.00	14	4.00	0.426
8.00	12	8.00	0.323
8.00	10	12.00	0.192
8.00	8	16.00	0.284
8.00	6	20.00	0.282

（2）非离子表面活性剂的标准曲线测定

按照类似于单一表面活性剂的方法测定标准曲线，结果为$Y=13.979A+1.816$，相关系数为$r=0.997$。

（3）阴离子磺酸盐的滴定

取一定量的磺酸盐-非离子复配表面活性剂试样于100mL具塞量筒中，加混合指示剂5mL和硫酸钠酸性溶液5mL，加水使水相保持30mL，加二氯甲烷15mL，摇匀后用配制的标准CTMAB溶液滴定，下相由浅紫灰色变为明亮的黄绿色为滴定终点，在临近终点前上相的粉红色逐渐变浅，最后几乎无色。同时作空白试验。根据滴定结果计算磺酸盐的浓度。

7.3.2.2 实验结果

对配制的待测液进行测定，体系为200～1000mg/L的OP-10+4000mg/L的石油磺酸盐体系。结果见表7-8所示。

表7-8 OP-10+石油磺酸盐复配体系浓度测定结果

序号	OP-10浓度/(mg/L)		磺酸盐浓度/(mg/L)	
	实际值	测定值	实际值	测定值
1	200	192	4000	3924
2	400	383	4000	3912
3	1000	958	4000	3908

在非离子-磺酸盐复配体系中，OP-10的平均测定误差稍大，为−4.2%，但在现场试验中仍可接受；磺酸盐的测定误差很小，为−2.2%。因此该方法适用于现场检测。

7.3.3 磺酸盐型-两性离子型

以十二烷基硫酸钠（K12）和甜菜碱组成复配体系，K12采用两相滴定法，甜菜碱采用比色法。

7.3.3.1 实验方法

（1）磺酸盐测定

称取一定量不同浓度的复配体系试样于100mL具塞量筒中，加混合指示剂5mL和硫酸钠酸性溶液5mL，加水使水相保持30mL，加二氯甲烷15mL，摇匀后用0.001mol/L的CTMAB溶液滴定，下相由浅紫灰色变为明亮的黄绿色即滴定终点，在临近终点前上相的粉红色逐渐变浅，最后几乎无色。同时作空白试验。根据滴定结果计算磺酸盐的浓度。

（2）两性离子定量

称取一定量不同含量的复配体系样品，用蒸馏水溶解，室温放置3h，并不时搅拌，混匀，抽滤，弃残渣。用浓盐酸调pH值为1.0±0.1，抽滤后定容至100mL。吸取6mL移入20mL离心管，加盖后在冰箱（4℃）存放15min，加入雷氏试剂15mL，加盖后再放入冰箱存放1h。取出后于3000r/min离心15min，弃上清液，加入99%的乙醚5mL，摇匀，离心同上。让离心管中的乙醚在通风橱中自然挥发至干，备用。在已制备的试样试管中分别加入70%的丙酮10mL，用紫外-可见分光光度计在525nm处测定吸光度并计算甜菜碱的浓度。标准曲线测定方法同单一甜菜碱。

7.3.3.2 实验结果

（1）磺酸盐对两性离子定量的影响

加入阴离子表面活性剂K12，分别对不同浓度的甜菜碱溶液用紫外-可见分光光度计在525nm处测定吸光度，结果见表7-9所示。

表7-9 磺酸盐对两性离子混合表面活性剂标准曲线

序号	K12浓度/(mg/mL)	甜菜碱浓度/(mg/mL)	吸光度
1	0.044	0.0625	0.005
2	0.088	0.125	0.016
3	0.165	0.250	0.050
4	0.330	0.500	0.209

表中K12和甜菜碱浓度均在变化，以后实验中可考虑固定K12浓度，测定该浓度下甜菜碱的吸光度变化，拟合的标准曲线为$Y=0.7357X-0.0453$，$r=0.9784$；实验有一定误差。与标准曲线相比，误差小于10%。

（2）磺酸盐-两性离子混合体系定量

对K12+甜菜碱混合体系进行定量，结果如表7-10所示。计算K12的测定误差为+7.0%，甜菜碱的误差为-4.8%，误差稍大，但用于现场检测是允许的。

表7-10　磺酸盐-两性离子混合表面活性剂测定结果

取样量/mL	K12实际浓度/(mg/L)	K12测定浓度/(mg/L)	甜菜碱实际浓度/(g/L)	甜菜碱测定浓度/(g/L)
2.00	720	778	0.250	0.233
1.00	720	764	0.250	0.242

7.3.4　两性离子型-非离子型

采用聚氧乙烯（POE）系非离子表面活性剂进行两性离子-非离子复配表面活性剂定量分析。聚氧乙烯系非离子表面活性剂不与雷氏盐反应，在定量两性离子时，误差很小。在定量非离子时，聚氧乙烯（POE）系非离子表面活性剂可溶解于丙酮，而甜菜碱不溶于丙酮。在两性离子-非离子复配表面活性剂分析过程中，可先对两性离子进行定量，再采用丙酮对二者进行分离，测定非离子的含量。

7.3.4.1　实验方法

（1）POE测定

将分离过后的POE进行定量分析，方法同单一表面活性剂体系。

（2）甜菜碱定量

称取甜菜碱烘干样品0.25g和0.05g POE，用蒸馏水溶解，室温放置3h，并不时搅拌，混匀，抽滤，弃残渣。用浓盐酸调pH值为1.0±0.1，抽滤后定容至100mL。吸取6mL移入20mL离心管，加盖后在冰箱（4℃）存放15min，加入雷氏试剂15mL，加盖后再放入冰箱存放1h。取出后于3000r/min离心15min，弃上清液，加入99%的乙醚5mL，摇匀，离心同上。让离心管中的乙醚在通风橱中自然挥发至干，备用。在已制备的试样试管中分别加入70%的丙酮10mL，用紫外-可见分光光度计在525nm处测定吸光度。制备标准曲线。

7.3.4.2　实验结果

分别对不同浓度的两性离子-非离子复配表面活性剂溶液用紫外-可见分光

光度计在 525nm 处测定吸光度，得标准曲线 $Y=0.6224X-0.1319$，$r=0.9995$。采用该标准曲线对两性离子进行标定，结果见表 7-11。

表 7-11　甜菜碱浓度测定结果

序号	实际浓度/(mg/mL)	测定浓度/(mg/mL)	误差/%
1	0.375	0.381	1.6
2	0.750	0.743	−0.93

可见，复配的两性离子表面活性剂采用比色法可以被准确滴定，误差较小。

参考文献

[1] 杨承志．化学驱提高石油采收率［M］. 修订版．北京：石油工业出版社，2008.

[2] 陈涛平，等．低渗透均质油层超低界面张力体系驱替毛管数的研究［J］. 西安石油大学学报（自然科学版），2007，22（5）：33-36.

[3] 朱友谊，韩冬，沈平平．表面活性剂结构与性能的关系［M］. 北京：石油工业出版社，2003.

[4] 王健．化学驱物理化学渗流理论与应用［M］. 北京：石油工业出版社，2008.

[5] 朱友谊，侯庆锋．化学驱提高石油采收率技术：理论与实践［M］. 北京：石油工业出版社，2015.

[6] Sheng J. Enhanced oil recovery field case studies［M］. Lubbock：Gulf Professional Publishing，2013.

[7] 李干佐，等．适用于大庆油田的天然混合羧酸盐 ASP 驱油体系［J］. 油田化学，1999（04），341-344.

[8] 李干佐，徐桂英，毛宏志，等．开发天然羧酸盐在油田中应用［J］. 日用化学工业，1998，（5）：28-32.

[9] 江建林，陈秋芬，陈锋，等．天然羧酸盐驱油剂 ZY5 在高温高盐高钙镁条件下的界面活性与岩心驱油能力［J］. 油田化学，2001，18（2）：173-176.

[10] 杨瑞敏，等．SDC-M 型天然混合羧酸盐高温高盐下的性能特点［J］. 油气地质与采收率，2003（06）：61-62。

[11] 王小泉，等．低渗透油藏复合表面活性剂水驱试验［J］. 西安石油大学学报，2004，19（5）：32-38.

[12] 聂振霞．胜利石油磺酸盐在史深 100 油田的应用［J］. 大庆石油学院学报，2011，35（3）：81-86.

[13] 张凤莲．低渗透油藏表面活性剂驱油数值模拟［J］. 大庆石油学院学报，2007，3（1）：32-36.

[14] 熊生春，等．三次采油用 Gemini 季铵盐型表面活性剂 LTS 的性能及应用［J］. 油田化学，2009，26（2）：183-186.

[15] 高明，等．适合于低渗透砂岩油层的新型磺基甜菜碱表面活性剂的研究［J］. 油田化学，2008，25（3）：266-269.

[16] 赖南君，等．低张力体系改善低渗透油藏水驱渗流特征实验［J］. 石油与天然气地质，2007，8（4）：520-522.

[17] 黄毅，等．一种新型环烷基磺酸盐驱油剂的制备及性能［J］. 北京交通大学学报，2008，32（6）：12-15.

[18] 黄毅，等．一种新型生物油脂磺酸盐驱油剂的制备及性能［J］. 石油学报，2009，30（2）：275-279.

[19] 沈之芹，等．羧酸盐 Gemini 表面活性剂合成及性能［J］. 化学世界，2012，53（2）：111-114.

[20] 董珍，等．驱油用 Gemini 表面活性剂的合成与评价［J］. 油田化学，2013，30（3）：411-415.

[21] 杨正明，等．低渗透储层岩心不同尺度喉道半径分布特征研究［C］//第七届全国流体力学学术会议论文集，2012：85.

[22] 郭东红，关涛，等．耐温抗盐驱油表面活性剂的现场应用［J］. 应用科技，2009，17（40）：13-15.

[23] Manfred A H. Polymer for enhanced oil recovery in reservoir of extremely salinities and high tem-

peratures [Z]. SPE 8979, 1980.

[24] Julian B R, John Smit P, et al. Development of surfactants for chemical flooding at difficult Reservoir conditions [Z]. SPE 11331, 2008.

[25] Zlegler V M. Laboratory investigation of high-temperature-surfactant flooding [Z]. SPE 13071, 1988.

[26] 缪云，等．高温高盐低渗透油层表面活性剂增注技术研究 [J]. 钻采工艺，2009，32（2）：71-73.

[27] Austad T, Hodne H, Strand S, et al. The multiphase behavior of oil/ brine /surfactant systems in relation to changes in pressure, temperature, and oil composition [J]. Colloids and Surfaces, 1996, 24 (3): 253-262.

[28] Laurier S L. Surfactants: Fundamentals and Applications in the Petroleum Industry [M]. New York: Cambridge University Press, 2000: 18-19.

[29] Benyamin Y J. Analysis of microscopic displacement mechanisms of dilute surfactant flooding in oil-wet and water-wet porous media [J]. Springer Science & Business Media B V, 2009, 16 (6): 1-19.

[30] Maria A A, Ana M F, Jean L S. Resolving an enhanced oil recovery challenge: Optimum formulation of a surfactant-oil-water system made insensitive to dilution [J]. Journal of Surfactants & Detergents, 2010, 13 (2): 119-126.

[31] Wang Y F, et al. Surfactants oil displacement system in high salinity formations: Research and application [J]. Spe Permian Basin Oil and Gas Recovery Conference, 2001, 6 (2): 137-140.

[32] Bidyut P K, et al. Uses and applications of microemulsion [J]. Current Science, 2001, 80 (8): 990-1000.

[33] Tulpar J. Surfactants types and uses [C]. Los Andes: Teaching aid in surfactant science & engineering, 2002: 17-34, 42-48.

[34] Tulpar A. Studies on the adsorption of surfactants and polymers to surface and their effects on colloidal forces [D]. Blacksburg: Virginia, 2004.

[35] Li Z J, et al. Synthesis of a novel dialkylaryl disulfonate Gemini surfactant [J]. Journal of Surfactants & Detergents, 2005, 8 (4): 337-340.

[36] Mohamed A, et al. Novel surfactants for ultralow interfacial tension in wide range of surfactant concentration and temperature [J]. Journal of Surfactants & Detergents, 2006, 9 (3): 287-293.

[37] George H J, et al. Recent advances in surfactant EOR [J]. International Petroleum Technology Conference, 2008.

[38] David L B, et al. Identification and evaluation of high-performance EOR surfactants [J]. Spe Reservoir Evaluation & Engineering, 2009, 12 (2): 243-253.

[39] Adam K F. Experimental study of microemulsion characterization and optimization in enhanced oil recovery: a design approach for reservoir with high salinity and hardness [D]. Texas: The University of Texas at Austin, 2007.

[40] Mohamed A, et al. Novel alkyl ether sulfonates for high salinity reservoir: effect of concentration on transient ultralow interfacial tension at the oil-water interface [J]. Journal of Surfactants & Detergents, 2010, 13 (3): 233-242.

[41] Maddox J Jr, et al. Surfactant oil recovery process useable in high temperature formations contai-

ning water having high concentration of polyvalent ions: US3939911 [P]. 1976-06-12.

[42] Russell S D, et al. Emulsion oil recovery process useable in high temperature, high salinity formations. US, 4269271 [P]. 1981-05-10.

[43] Russell S D, et al. Surfactant oil recovery process useable in high temperature, high salinity formations. US, 4077471 [P]. 1978-09-15.

[44] Berger P D, et al. Assigned to oil chem-technologies for residual oil recovery process, US, 7629299 [P]. 2009-01-28.

[45] Zhao Z, et al. Dynamic interfacial behavior between crude oil and methylnaphthalene sulfonate surfactant flooding systems [J]. Colloid Surf A Physicochemical Eng, 2005, 16 (1): 1-15.

[46] Barriol J P, et al. Concentrate for the preparation of oil and water microemulsions having high salinity which are stable at high temperature. US, 4262657 [P]. 1981-04-22.

[47] Delshad M, et al. A frame work to design and optimize chemical flooding process [R]. Third Annual and Final Report for the Period, No: DE-FC-26-03NT15412, Texas: The University of Texas at Austin, 2006.

[48] Fadili A, et al. Smart integrated chemical EOR simulation [J]. International Petroleum Technology Conference, 2009.

[49] Zhao P. Development of high performance surfactants for difficult oils [D]. Texas: The University of Texas at Austin, 2007.